KB080616

괴짜 과학자들의 엉뚱한 실험들

# 괴짜 과학자들의 엉뚱한 실험들

*Chroniques de science improbable*

피에르 바르텔레미 지음 | 마리옹 몽테뉴 그림 | 권예리 옮김

이숲

내 글의 첫 독자인
아들 엘루아에게

## 한국 독자들에게

『괴짜 과학자들의 엉뚱한 실험들』이 한국에 출간된다는 소식을
들으니 무척 반갑습니다. 많은 한국인이 과학에 특별히 관심을 기울이고,
연구 역량을 기르는 데 힘쓰고 있다는 사실을 프랑스에 있는 저도
잘 알고 있습니다. 한국 독자들이 이 책을 읽으면서 많이 웃고,
재미있어하고, 또 이런저런 문제에 대해 진지하게 생각하는
계기가 되기를 진심으로 바랍니다.

2015년 7월 파리에서 피에르 바르텔레미

# '괴짜 과학'을 소개하며

당신은 방금 아침으로 먹을 빵을 떨어뜨렸다. 그 빵은 타일 바닥에 떨어지든, 양탄자나 개의 등 위로 떨어지든, 신기하게도 언제나 버터를 바른 쪽으로 엎어지는 듯하다. 불평하지 마시라. 당신은 우주의 법칙이 우리 편이 아니고, '빵은 항상 버터 바른 쪽으로 엎어진다'는 법칙도 명백한 증거를 바탕으로 입증되었음을 알고 있을 것이다. 어떤 과학자가 실험을 통해 이 법칙의 근본 원인을 밝혀냈고, 심지어 그 내용을 학술지에 발표했다는 사실도 알고 있을지 모른다. 만약 아직 그런 사실을 모른다면, '괴짜 과학'을 다룬 이 책이야말로 당신을 위한 것이다.

그런데 '괴짜 과학'이 대체 무엇일까? 이 특수한 분야를 두 가지 방법으로 정의할 수 있을 것이다. 신랄하고 조금 악의적인 첫 번째 정의는 '괴짜 과학'을 시도하거나 그 결과를 발표하지 말았어야 할 황당무계한 연구로 간주한다. 어떤 맥락에서도 다시 해서는 안 되는 연구라는 것이다. 그런 연구를 위해 뭔가를 실험하는 일은 시간 낭비이며 과학에 대한 풍자다. 과학은 진지한 의문에만 대답하는 학문이라는 점을 명심하자. 과학자라면 인간에게도 다른 동물처럼 발정기가 있는지를 연구하기 위해 스트립바에 가서는 안 된다. 만화『땡땡의 모험』에 나오는 뒤퐁 씨와 뒤퐁 씨가 왜 사막에서 같은 길을 빙빙 돌았는지를 밝혀내는 데 귀중한 시간을 보내지도 않을 것이다. 천국과 지옥의 온도를 계산한답시고 아까운 에너지를 낭비하는 일은 더더욱 없을 것이다. 과학자가 그래서는 안 된다!

그러나 아무리 어리석어 보여도 모든 질문은 제기할 만한 가치가 있다. '괴짜 과학'은 바로 그런 질문에 답을 주는 분야라고 말할 수 있다. 빵이 버터 바른 쪽으로 더 자주 엎어진다면 거기에는 타당한 원인이 있기 때문이고, 그 원인은 우리가 짐작하는 것보다 훨씬 더 심오한 것일 수 있다는 것이다. 나는 이 두 번째 정의를 택하겠다. 내가 보기에 '괴짜 과학'은 과학적 방법론을 유머러스하게 검토하는 분야다.

1991년부터 이 분야에서 탁월한 기량을 보여준 연구자에게 수여하는 이그노벨(Ig Nobel)상은 프랑스어권 소설가를 대상으로 한 공쿠르상이나 트리푸이레주아 야영장의 소시지 먹기 대회 일등 상과 비슷한 면이 있다. 시상식은 명망 높은 하버드 대학 캠퍼스 한가운데 있는 샌더스 강당에서 진행된다. 이 분야의 희극적인 인상 때문에 사람들이 이그노벨상 후보로 지목되기를 두려워하던 시절도 있었지만, 마침내 이 상의 유머가 제 힘을 발휘했고, 이제는 행운의 수상자들이 기꺼이 무대에 올라 환호를 받는다(그리고 시상대에서 그들의 연구 활동에 어떤 깊은 의미가 있는지를 상세히 설명하곤 한다). 2012년에는 말꼬리의 물리학(이그노벨 물리학상), 사람이 마지막으로 한 말을 되풀이하여 들려줌으로써 말문을 막는 기계(음향학상), 손에 커피잔을 들고 걸을 때 커피가 쏟아지는 이유에 관한 연구(유체역학상), 침팬지가 다른 침팬지들의 엉덩이 사진을 보고 그 소유자를 식별하는 방법(해부학상), 몸을 왼쪽으로 기울이면 에펠 탑이 더 작아 보이는 현상을 설명한 연구(심리학상)가 각기 수상의 영예를 안았다.

그중에서도 신경과학상 수상자들은 이 분야의 해학적이면서도 시적인 측면을 훌륭하게 보여준다. 이것은 내가 괴짜 과학자들의 엉뚱한 실험들을 특히 좋아하는 이유이기도 하다. 그 미국 과학자들은 2010년 『우발적 연구 결과 저널(Journal of Serendipitous and Unexpected Results)』에 발표한 논문에서 죽은 연어의 뇌 기능 자기공명영상(fMRI: functional magnetic resonance imaging)을 연구 과제로 삼았다. 자기공명영상 검사는 대상이 어떤 작업을 수행하는 동안 뇌 속의 혈류 변화를 측정해서 뇌의 어느 영역이 자극을 받았는지를 확인하는 검사다. 당연히 이 검사는 죽은 물고기보다는 살아 있는 인간에게 더 적합하지만, 그런 것은 걸림돌이 되지 않는다. 실험자들은 물고기에게 사람 얼굴이 나온 사진을 여러 장 보여주고 나서 각 얼굴에서 어떤 감정이 느껴지는지 물어보았다. 실험 결과, 사진의 얼굴 표정에 따라 죽은 연어의 뇌 일부 영역에서 뇌파 활동의 변화가 감지되었다. 연구자들이 내린 결론은 다음과 같다. 어쩌면 그들은 생물학 전체까지는 아니더라도 어류학에 혁명을 일으킬 만한 증거를 발견한 것이다… 그게 아니라면, 현대 과학연구의 표준 실험기술인 자기공명영상 기술로 진짜와 가짜 뇌파 신호를 구분할 수 없다는 사실이 밝혀졌다!

이것이 바로 '괴짜 과학'의 매력이다. 먼저 웃음을 터뜨리고 나서(진지한 과학자의 내면에는 종종 장난꾸러기가 숨어 있다), 생각에 잠기게 된다. 그리고 겉보기에 우스꽝스럽고 기상천외한 실험일지라도 그 바탕에는 과학 발전을 향한 깊은 열정이 자리 잡고 있음을 간과하지 말자.

나는 2011년부터 일주일에 한 번 일간지 『르몽드』에 과학 특집 칼럼을 쓰면서 괴짜 과학자들의 엉뚱한 과학 실험의 세계를 여행했다. 그 칼럼을 모은 것이 바로 이 책이다. 이 자리를 빌려 과학 특집을 만드는 모든 분, 특히 이 훌륭한 신문에 매주 엉뚱함의 씨앗을 뿌릴 수 있게 해 준 에르베 모랭에게 감사한다.

피에르 바르텔레미

| 차례 |

# 1. 고양이 밥 맛보실래요?

혹시 당신 별명이 '냥이'나 '나비'라면 이 글은 당신의 인생을 바꿀지도 모른다. 당신은 영문을 모르겠지만, 생물학자 게리 피커링(Gary Pickering)이 과학의 이름으로 두 팔 벌려 당신을 환영할 테니 말이다. 맛의 과학과 와인의 과학을 비롯한 식도락의 과학을 전문으로 연구하는 피커링은 2008년 『동물생리학 및 동물영양학 저널(Journal of Animal Physiology and Animal Nutrition)』에 발표한 논문에서 고양이 먹이에 주목했다. 사실 산업 규모가 연간 10억 달러로 추산되는 고양이 사료 생산업체들은 네 발 달린 소비자를 유혹하려고 수많은 실험을 하지만, 시간과 돈을 적잖게 들여도 종종 이렇다 할 결과를 내지 못한다. 고양이는 식사와 관련하여 변덕이 죽 끓듯 하는 것으로 밝혀졌다. 게다가 『이상한 나라의 앨리스』에 나오는 고양이 체셔와 「루니툰」에서 카나리아 트위티를 잡아먹지 못해서 안달이 난 고양이 실베스터를 제외하면, 무엇보다도 고양이는 자신의 욕구와 호불호를 말로 표현하지 못한다는 중대한 결함이 있다.

바로 여기서 냥이들과 나비들의 도움이 필요하다. 말할 줄 아는 동물로 실험해야 고양이 사료에 관한 미식 에세이도 쓰고, 고양이 통조

"게리 피커링은 신뢰할 만한 실험 계획을 세우기 위해 까다로운 선별 과정을 거쳐 피험자를 확보했다."

림계의 『미슐랭 가이드』와 고양이 건조 사료계의 『고미요 가이드』[1]를 작성할 수 있다. 다행히도 미각 차원에서는 인간(*Homo sapiens*)이나 고양이(*Felis catus*)나 맛을 다소 비슷하게 느낀다. 이렇게 해서 경제 위기와 고실업률 시대에 '고양이 사료 맛 감별사'라는 직업이 새롭게 탄생했다. 그러나 원한다고 해서 누구나 감별사가 될 수는 없다. 게리 피커링은 신뢰할 만한 실험 계획을 세우기 위해 까다로운 선별 과정을 거쳐 피험자를 확보했다. 축농증 환자(콧속이 시원하게 뚫려야 맛을 분간할 수 있으므로), 색맹, 음식 알레르기가 있는 사람, 기본 미각 능력이 떨어지거나 음식이 딱딱한지 부드러운지 구분하지 못하는 사람, 그리고 마지막으로 사료 맛에 혐오감을 느껴서 고양이들에게 혀를 빌려줄 마음이 없는 사람들을 걸러냈다.

마지막까지 남은 피험자 11명은 모두 6회에 걸쳐 회당 한 시간 반씩 훈련받았다. 고양이 사료의 맛과 향을 단맛, 짠맛, 매운맛, 허브 향, 캐러멜 향, 탄 맛, 쓴맛, 산패한 맛, 작은 새우 맛, 내장 맛 등 18가지 기준으로, 사료의 질감을 딱딱한 정도, 씹기 편한 정도, 점도(소스와 젤리 상태 사료의 경우), 퍽퍽한 정도의 4가지 기준으로 서술하고 구분하는 훈련이었다. 훈련이 끝나자 드디어 시중의 고양이 사료 제품 13가지를 맛볼

1. 『미슐랭 가이드(Guide Michelin)』와 『고미요 가이드(Gault et Millau)』는 고급 음식점에 별점을 매겨 발표하는 프랑스의 유명한 잡지다.

고양이 사료 전문점 <야옹>
이달의 감별사
1. 장 클로드 야옹
2. 이베트 나비
3. 제라르 고냥
4. 장 길냥
5. 스티브 가르랑
6. 아네트 아롱
7. 펠릭스 실베스터
8. 에릭 얼룩냥
9. 스테판 개냥
10. 바스티앙 샴고양

시간이 되었다. 실험은 엄격한 절차에 따라 다음 순서로 진행되었다.

1) 입속을 물로 헹군다.

2) 0.5~1티스푼 분량의 표본을 입에 넣는다.

3) 표본을 입속에서 이리저리 굴리고 10~15초 동안 씹는다.

4) 표본의 일부는 삼키고 나머지를 그릇에 뱉는다.

5) 15센티미터 길이의 척도 눈금에 각 기준의 강도를 표기한다.

6) 입속을 물로 헹군다. 다음 표본을 맛보기 전에 반드시 1~2분 휴식한다.

독설가들이라면 이 휴식 시간을 '구토 시간'이라고 부를 것이다.

고양이 사료 맛 감별을 씩씩하게 끝마친 피험자들은 1에서 9 사이의 단계(1: 정말 맛있다, 9: 혐오스럽다)로 개인적인 기호를 기록해야 했다. 13개 제품의 평균 점수는 4.97로 '특별히 맛있지도 맛없지도 않음'과 '조금 맛있음' 사이에 있었다. 두 발 고양이들은 생선이 든 사료를 좋아했고(고급 음식점 주인들이 부러워할 2.73이라는 높은 점수를 얻었다), 갈아서 만든 통조림은 별로 좋아하지 않았다(점수: 6.59). 이런, 까다로운 미식가들 같으니라고!

Pickering, G. Optimizing the sensory characteristics and acceptance of canned cat food: use of a human taste panel. J Anim Physiol Anim Nutr. 2009;93(1):52-60.

# 2. 남자는 여자 때문에 바보가 되는가?

이 질문을 과학 용어로 다시 표현하면 '호모 사피엔스(*Homo sapiens*) 수컷은 이성(異性)과 교류한 뒤에 인지 능력이 감퇴하는가?'가 되겠다. 빵집 여주인이 어찌나 예뻤던지 넋이 나간 로베르(이 세상의 모든 로베르에게 미리 사과한다)는 바게트를 주문하는 것도 잊고 크루아상만 들고 가게에서 나왔다. 텍스 에이버리[2] 식으로 말하자면 이런 상태였다. "입 다물어, 멍청이야, 그러다 혀 밟겠다." 여러 심리학 연구에 따르면 이성애자 남성은 여성과 이야기를 나누기 전보다 나눈 후에 인지검사 점수가 낮게 나온다고 한다. 하지만 이성애자 여성은 그렇지 않다. 왜 그럴까?

평균적으로 남성은 일상에서 벌어지는 각종 상황에 성적(性的) 의미를 부여하는 능력이 여성보다 훨씬 뛰어나다. 예를 들면 "옆집 아가씨, 쓰레기 버리는 모습이 참 매력적이시군요."라는 식이다. 생물학자들은 진화 과정에서 이성이 보내는 신호를 지나치게 성적으로 해석하는 능력이 수컷에게서 편향되게 발달했다고 말한다. 수컷들이 교미 기회를 단 한 번도 놓치지 않게끔 말이다. 그러나 이렇게 매 순간 사냥 본능

2. 텍스 에이버리는 「루니툰」을 만든 미국 애니메이션 제작가다. 그가 만든 캐릭터 중에는 여자만 보면 입을 벌리고 혀를 바닥으로 늘어뜨리는 늑대가 있다.

"단지 여자와의 접촉을 기대하는 것만으로도 인지 능력 일부를 이성애 능력으로 써버리는 것일까?"

을 발휘하는 데에는 대가가 따르고, 이 대가는 인지검사 점수가 하락하는 현상으로 나타난다. 남성은 상대 여성이 짝짓기 상대로 얼마나 가치 있는지를 부단히 가늠하고, 감정을 통제하고, 상대에게 보여주고 싶은 모습으로 자신을 포장하고, 상대에게 좋은 인상을 주었는지를 살피느라 인지 능력(차마 '지능'이라고 말하지는 못하겠다)을 소모하여 정신력이 고갈되기 때문이다.

따라서 남성은 이성과의 만남에 영향을 받는다는 것이 사실이다. 그런데 만남 이전에도 영향을 받을까? 단지 여자와의 접촉을 기대하는 것만으로도 인지 능력 일부를 이성애 능력으로 써버리는 것일까? 톨스토이는 『안나 카레리나』 앞부분에 이런 장면을 넣었다. 지주(地主)인 레빈이 스케이트장으로 이용되는 호수로 통하는 길을 걸으며 사랑하는 젊은 여인을 만날 준비를 하고 있다. "레빈은 오솔길을 따라가며 혼잣말하고 있었다. '침착하라고! 신경 쓸 것 없어. 뭐하는 거야? 뭐가 문제지? 조용히 하라고, 이 바보야.' 그는 이렇게 마음을 다잡으려고 애썼다. 그러나 침착해지려고 노력할수록 감정에 사로잡혀 숨이 가빠졌다. 아는 사람이 지나가며 레빈을 불렀으나, 레빈은 그를 알아보지 못했다." 참으로 불쌍한 남자다. 이런 '레빈 효과'가 실제로 존재하는지 알아보는 실험을 네덜란드의 심리학자들이 진행하여 그 결과를 2011년 11월 학술지 『성 행동학 아카이브(Archives of Sexual Behavior)』에 발표했다.

연구자들은 언어 관련 실험을 한다는 가짜 목적을 내세웠다. 90명의 남녀 피험자가 실험에 참여했다. 그들은 각 피험자를 고립된 공간으로 안내하고, 웹캠 앞에서 글을 낭독하는 작업을 할 것이라고 설명했다. 피험자에게 보이지 않지만, 피험자를 볼 수 있는 남성 혹은 여성

감독관이 피험자에게 온라인 메시지를 보내 낭독을 시작하라는 신호를 보낸다고 했다. 각 피험자에게 감독관의 이름을 미리 알려주었으므로, 이름을 통해 감독관의 성별을 짐작할 수 있었다. 이렇게 하여 미래의 간접 접촉에 대한 기대감을 심어주었다. 그런 상태에서 글 낭독 전에 피험자에게 인지 검사를 받게 했다. 실험 결과, 여성 피험자는 감독관의 성별에 따라 눈에 띄는 변화를 보이지 않았지만, 여성 감독관과의 간접 접촉을 앞둔 남성 피험자의 인지 검사 점수는 확연히 낮아졌다. 재미있는 사실은 이 실험이 자동으로 진행되어 문제의 '여성 감독관'은 존재하지 않았다는 점이다.

Nauts et al. The mere anticipation of an interaction with a woman can impair men's cognitive performance. Arch Sex Behav. 2012;41(4):1051-6.

# 3. 성(聖) 타이거 우즈여, 우리를 위해 퍼트해주세요!

아뿔싸! 당신은 방금 망쳐버렸다. 1) 눈 감고도 성공할 수 있는 발리, 2) 팔 없는 시각장애인 골키퍼를 상대로 한 페널티킥, 3) 고작 9.5센티미터 거리의 퍼트를 말이다.

그래서 당신은 잔뜩 화가 나서 테니스 라켓, 혹은 축구화의 코, 혹은 중국인의 평균 월급에 해당하는 돈을 들여 샀지만 불운만 가져다주는 골프 클럽을 살펴보는 중이다. 당신 생각이 옳다. 당신이 바보여서가 아니다. 장비를 탓해야 마땅하다. 장비에 돈을 충분히 들이지 않았기 때문이 아니라, 최고의 운동선수가 그 장비를 축복해주지 않았기 때문이다... 사실 실력을 빨리 늘리는 가장 좋은 방법은 챔피언이 썼던 장비를 사용하는 것이다. 2011년 10월 20일 학술지 『플로스원(PLOS ONE)』에 실린 미국 연구자들의 논문을 읽으면 그런 결론을 내리게 된다. 논문 저자들은 이로운 특성이 물체에서 사람으로 전이된다고 믿는 '긍정적 전이'의 개념이 스포츠에도 적용되는지를 알고 싶어 했다. 스포츠의 '성물(聖物)'에 위약(僞藥) 효과가 있을까? 지네딘 지단의 스파이크 운동화를 신으면 마르세유 룰렛과 드리블과 헤딩슛의 제왕이 될 수

"지네딘 지단의 스파이크 운동화를 신으면 마르세유 룰렛과 드리블과 헤딩슛의 제왕이 될 수 있을까?"

있을까?

이런 의문을 풀기 위해 연구자들은 버지니아 주립대학 학생 40명을 모집했다. 모두 취미로 골프를 해본 적이 있는 학생들이었다. 먼저 골프 실력에 관한 설문을 작성하게 했고, 각각 20명씩 두 집단으로 나누었다. 피험자를 연습용 융단 위의 홀에서 2미터 떨어진 지점에 세우고, 홀의 지름을 추정하여 컴퓨터 화면에 그리게 한 다음, 몸을 풀 수 있게 세 번의 연습 기회를 줬다. 그리고 각각의 피험자가 10회씩 퍼트했다. 처음 20명이 대조군[3]이었고 다음 20명은 자기도 모르게 '실험 대상'이 되었다.

실험 대상이 된 학생들은 실험을 시작하기 전에 PGA 투어 4대 메이저 대회 가운데 하나인 브리티시 오픈의 2003년 우승자였던 미국 프로 골프 선수 벤 커티스가 썼던 골프채를 사용하게 되리라는 설명을 들었다. 물론 그 골프채는 커티스 선수의 손바닥을 스친 적도 없었지만,

3. 실험 목적에 맞게 실험 조건과 환경을 통제한 집단을 '실험군', 실험 조건을 통제하지 않고 자연 그대로 두거나, 표준 조건으로 통제한 집단을 '대조군'이라고 한다. 이 연구에서 대조군 없이 실험했다면 커티스의 골프채를 사용한 경우에 골프 실력이 평소보다 늘었는지 확인할 길이 없다. 그 '평소 상태'를 재현하여 비교 대상의 역할을 하는 것이 바로 대조군이다. 실험에서 알아보려고 하는 한 가지 조건을 제외하고 실험군과 대조군에 모든 조건을 똑같이 설정하고 실험 절차를 동일하게 적용한다. 실험군과 대조군의 실험 결과 차이가 크다면 두 집단 사이의 유일한 차이점인 골프채가 원인이라고 판단할 수 있다. 그러나 실험군과 대조군의 실험 결과가 비슷하다면 골프채가 결과에 별로 영향을 미치지 않은 것이다. 실험군과 대조군은 과학 실험에서 객관성을 보장하는 필수 요소다.

과학자가 거짓말을 하리라고 누가 상상했겠는가? 실험자는 30초 동안 피험자들이 벤 커티스의 이름을 들어봤는지 물어보고, 커티스의 최근 실적을 언급하면서 찬양했으며, 커티스의 골프채를 써본다는 것은 참으로 멋진 일이라고 말했다.

커티스의 골프채 덕분에 프로 선수로 거듭난 실험군은 대조군에 완승했다. 실제로는 양쪽 모두 똑같은 골프채를 사용했는데 말이다. 실험 시작부터 실험군은 대조군보다 홀의 크기를 더 크게 추정했다. 스키트 사격부터 다트 게임에 이르기까지 과녁을 조준하는 스포츠에서 숙련자는 초보자보다 과녁을 더 크게 인지한다. 실험군에 속한 학생들은 챔피언의 골프채를 손에 쥐기도 전에 눈에 띄게 자신감이 커졌던 것이다. 그럴 만도 했다. 실험군이 친 공은 10개 가운데 평균 5.3개가 홀 안에 들어갔고, 반면에 대조군이 친 공은 평균 3.85개 들어갔다. 실험군은 홀에 넣지 못한 공조차 대조군보다 홀에 더 가까이 보냈다.

연구자들이 골프채의 주인을 타이거 우즈라고 말하지 않아서 아쉽다는 생각이 들 수도 있다. 그들은 93퍼센트가 남성인 피험자들이 긍정적 전이를 통해 바람둥이 남편이 되는 것이 두려웠는지도 모른다.

Lee et al. Putting like a pro: the role of positive contagion in golf performance and perception. PLOS ONE. 2011;6(10):e26016.

# 4. 밸런타인데이에는 평소보다 아기가 더 많이 태어난다

드디어 밸런타인데이가 찾아왔다. 붉은 하트, 아기 천사 큐피드, 달콤한 선물, 촛불이 밝혀진 로맨틱한 저녁… 그리고 연인들을 위한 이 축제를 깜빡 잊은 애인은 호된 대가를 치른다. 사랑을 기념하는 이 날을 두고 괴짜 과학자들은 과연 무슨 아이디어를 떠올렸을까? 2011년 7월 학술지 『사회과학과 의학(Social Science and Medicine)』에 실린 논문을 보자. 예일 대학의 행동학 전문가인 세 저자는 일부 보편적인 축제와 결부된 문화적 측면이 그날 태어나는 아기의 수에 영향을 미치는지가 궁금했다. 더 구체적으로 말하자면, 부정적인 의미를 내포한 축제일보다 긍정적인 의미를 내포한 축제일에 아기가 더 많이 태어나는지를 알고 싶었던 것이다.

연구자들은 연중 두 시기에 초점을 맞추었다. 즉, 꽃과 사랑이 가득한 밸런타인데이 2월 14일을 전후한 2주, 그리고 마녀들이 등장하고 죽음의 분위기가 감도는 핼러윈데이 10월 31일을 전후한 2주에 주목했던 것이다. 그들은 1996년부터 2006년까지 미국 전역의 출생등록부에서 이 기간의 출생률을 조사했다. 그렇게 모두 3,500만 명의 아기가 영문을 모른 채 이 연구에 참여했다.

> "부정적인 의미를 내포한 축제일보다 긍정적인 의미를 내포한 축제일에 아기가 더 많이 태어나는가?"

그 결과, 출생 곡선이 각 구간에서 최고치와 최저치를 찍었다. 밸런타인데이 전후 2주간에는 평소보다 600명의 아기가 더 많이 태어났고, 이는 평균보다 5퍼센트가 더 많은 수치였다. 사랑의 도장이 찍힌 아이를 원하는 부모를 만족하게 하려고 '디데이(D-day) 분만 프로그램'을 운영하는 산부인과 의사들을 주범으로 지목할 수도 있다... 실제로 2월 14일에는 자연 분만이든, 제왕절개든, 유도 분만이든, 어떤 방식으로든 평소보다 훨씬 많은 아기가 탄생한다. 이와 반대로 핼러윈데이에는 아주 분명하게 출생 곡선이 바닥을 친다. 전후 기간과 비교하여 평균 1,200명이 덜 태어나고, 이는 평균 출생률보다 11.3퍼센트 적은 수치다. 연구자들은 밸런타인데이에 태어나는 아기가 증가한 폭보다 핼러윈데이에 태어나는 아기가 감소한 폭이 더 큰 이유를 핼러윈데이의 상징인 해골과 마녀가 그저 나쁜 징조일 뿐 아니라 젖먹이의 생명을 위협한다고 해석되기 때문이라고 설명했다.

논문 저자들은 이 연구 결과에서 '자연 분만'이라는 표현의 적합성에 관한 논쟁이 시작된다고 보았다. 이 통계 연구는 임산부가 '좋은' 날을 고르거나 '나쁜' 날을 피해서 아기를 낳을 수 있게 분만 시점을 조절하는 능력이 있음을 유의하게[4] 입증했다. 그리고 진통의 시작을 호르몬으로 조절할 수 있다는 사실이 이미 밝혀진 상황에서 미래의 어머니들이 "지금까지 아무도 알아차리지 못했던 어떤 심리적·생리적 메커니즘"을 통해 아기를 낳는지를 더 연구해볼 필요가 있다고 강조했다. 저자들은 마지막으로 매우 논리적인 결론을 내놓았다. "이 연구 결과는 밸런타인데이 당일과 핼러윈데이 당일에 출생률이 올라가거나 내려감에 따라 산부인과 인력을 조정할 필요가 있음을 암시한다." 그러나 이것은 산부인과 병원의 인사팀 직원들이 학술지 『사회과학과 의학』을 읽어야만 가능한 일이다...

Levy et al. Influence of Valentine's Day and Halloween on birth timing. Soc Sci Med. 2011;73(8):1246-8.

4. 현실에서 과학 실험을 하면서 모든 조건을 완벽하게 통제하기는 불가능하다. 실험 표본이 오염될 수도 있고, 실험자가 실수하여 결과를 바꿔놓을 수도 있다. 모든 실험은 오류 가능성을 품고 있다. 따라서 되도록 많은 표본을 대상으로 실험하고 통계학을 이용하여 결과를 종합한다. 이때 실험군과 대조군에서 나온 결과의 차이가 뚜렷하고 우연이라고 볼 수 없으면, 그 차이가 '유의하다'고 표현한다. 유의성 가운데서도 통계적 유의성(statistical significance)은 수학적으로 엄밀하게 정의한 수치이고, 과학 논문에서 꼭 확인해야 할 사항이다.

# 5. 과학을 위해 목을 매다

과학 연구에 온몸을 바치고, 자신이 고안한 실험의 피험자가 되기를 주저하지 않는 과학자들이 있다. 잘 알려진 최근 사례로 오스트레일리아 과학자 베리 마셜(Barry Marshall)은 헬리코박터균이 위궤양의 주요 원인이라고 주장했는데, 동료 연구자들이 그의 주장을 거의 믿지 않자, 배양기에 들어 있던 헬리코박터균을 입안에 털어 넣었다. 곧이어 마셜은 위궤양이 생겼고, 항생제로 위궤양을 치료하여 완치한 뒤에 2005년 동료 존 로빈 워런(John Robin Warren)과 함께 노벨 생리의학상을 받았다.

아주 담대하고 모범적인 이야기다… 하지만 니콜라 미노비치(Nicolas Minovici)가 과학의 이름으로 감행했던 모험에 비하면 '새 발의 피'라고 말할 만하다. 루마니아 출신의 법의학자 미노비치는 1905년 파리에서 목을 매어 자살하는 현상에 관한 저서를 펴냈다. 당시 목을 매어 자살한 많은 사람이 부검을 받곤 했다. 미노비치는 완벽한 저서를 쓰고자 했다. 먼저 불행하게 자살한 이들의 나이, 성별, 직업, 국적, 거주지, 자살 원인, 자살한 장소, 목을 매단 지점, 사용한 도구(밧줄, 끈, 허리띠, 램프 심지, 손수건, 옷 안감, 반바지에서 잘라낸 천 조각) 등의 정보를

어서...
들어오세요...
독극물
무서워할 것
없어요.

장황하게 나열했다. 저자는 또한 목을 매는 자살과 관련한 법의학적 문제를 언급하고, 목에 줄을 묶은 뒤에 실제로 죽음에 이르는 몇 가지 단계를 설명했다.

"니콜라 미노비치는 자신을 대상으로 믿기지 않는 실험을 감행했다."

바로 이 마지막 주제를 더 구체적으로 알아보기 위해 니콜라 미노비치는 자신을 대상으로 믿기지 않는 실험을 감행했다. 밧줄이 목을 조여오는 순간에 어떤 느낌이 드는지를 알고 싶었던 그는 시신과 살아 있는 동물을 이용한 실험만으로는 충분하지 않다고 판단했다. 그는 먼저 맨손으로 자기 목을 졸라 보았지만, 정신을 잃지 않았기에 그만두었다. 그다음에는 몸의 일부가 바닥에 닿은 상태에서 목을 매어 체중의 일부로 밧줄을 잡아당기는 '불완전한' 목매달기를 시험해보았다. 그리고 마지막으로 '완전한' 목매달기에 돌입했다. 격렬한 운동을 하기 전에 준비운동을 하듯이 그는 먼저 밧줄이 아닌 팽팽한 수건으로 목을 매었다. "나는 목매달기에 익숙해지기 위해 각각 4~5초씩 6~7회에 걸쳐 목을 매보았다. 이 실험을 할 때 내 몸은 바닥에서 1~2미터 정도 떨어져 있었다."

이 실험을 해보고 대담해진 미노비치는 다음 날 같은 수건을 이용하여 더 위험한 실험에 들어갔다. 그는 26초 이상 버티지 못했고, 이 결과에 몹시 실망했다. 그는 이렇게 썼다. "발이 바닥에서 떨어지자마자 눈꺼풀이 격렬하게 수축했다. 기도가 너무 꽉 닫혀서 숨을 쉴 수 없었다. 수건을 잡아당기며 큰 소리로 몇 초가 지났는지를 세는 직원의 목

소리도 들리지 않았다. 귀에서 윙윙거리는 소리가 들리고, 통증이 심하고, 숨을 쉬어야 해서 실험을 더는 계속할 수 없었다." 미노비치는 이 실험 중에 생긴 상처도 철두철미하게 기록했다. 그다음에는 진짜 밧줄을 천장에 묶었다. 이번에는 통증이 너무 심해서 발이 바닥에서 떨어지기도 전에 실험을 중단했다.

오늘날 교수형은 인도와 일본을 비롯한 몇몇 국가에서 합법적으로 시행되고 있다.

Nicolas S. Minovici, 『Étude sur la pendaison』, A. Maloine, 1905

## 6. 여성 히치 하이커를 위한 완벽한 지침서

여러 연구에서 일관되게 나온 결과를 보면, 사회적 지위가 높고 부유한 남성은 여성의 신체 매력을 특히 중시한다고 한다(어쨌든 과학자들이 그렇게 말했다). 그렇다면 여성의 신체 매력을 특징짓는 요소를 정의해볼까 한다. 여기서 여성 히치 하이커가 등장한다. 여성 히치 하이커는 사실 남브르타뉴 대학의 행동과학자 니콜라 게갱(Nicolas Guéguen)이 즐겨 활용한 실험 도구였다.

게갱은 여성 히치 하이커의 외모 변화가 지나가는 자동차가 멈춰서는 횟수에 영향을 미치는지를 가늠하는 데 전문가가 되었다. 그는 실험 결과에 실망한 적이 없다. 각각 2007년, 2009년, 2010년에 발표한 최근 세 번의 실험을 살펴보자. 2007년 실험에서는 가슴 크기가 이성을 유혹하는 데 중요한 요소라는 사실에서 출발하여 간단한 실험 전략을 세웠다. 실제로 전 세계 수백만 명의 여성이 최근 가슴둘레가 커지는 방향으로 진화했다는 사실이 밝혀진 바 있다. 그는 자연의 축복을 받지 못한 브래지어 A컵 여성을 브르타뉴의 도로에 세우고 엄지를 세우게 했다. 이 여성은 '뽕'을 활용하여 B컵 또는 C컵으로 가슴 크기를 늘릴 수 있었고, 차량 100대가 지나가면 컵 크기를 바꾸라는 지시를 받았

음... 실은
마음이 바뀌었어요...
전... 제 아내가
기다리고 있어요!

다. 놀랄 것도 없이 차를 멈춘 남성 운전자의 수는 가슴둘레에 비례하여 늘어났다… 차를 멈춘 여성 운전자의 수는 이후의 다른 실험에서도 그랬듯이 거의 변화가 없었다.

> "놀랄 것도 없이 차를 멈춘 남성 운전자의 수는 가슴둘레에 비례하여 늘어났다…"

두 번째 실험에서는 머리카락 색깔에 변화를 주었다. 똑같은 옷을 입고 가슴둘레가 같고 얼굴이 똑같이 예쁜(이 조건은 실험 전에 여러 남성으로 구성된 '남성 위원회'에서 평가받았다) 젊은 여자 5명이 교대로 도로 가장자리에 서서 가발을 갈색 머리, 금발, 밤색 머리로 번갈아 바꾸었다. 이 실험 결과 프랑스 남성은 확실히 금발을 좋아한다. 여러 다른 연구에서 밝혔듯이 금발 여성이 다른 여성보다 더 젊고 생식능력이 좋고 건강하다고 인식하기 때문일 것이다.

마지막 실험도 똑같은 절차를 거쳤다. 유일한 차이점은 히치 하이커 여성들의 머리카락 색깔을 통일하고 티셔츠 색깔에 변화를 주었다는 것이다. 검정, 하양, 노랑, 빨강, 초록, 파랑 티셔츠를 사용했다. 실험 결과 빨강 티셔츠를 입었을 때만 예외적으로 남성 운전자가 평균 5명에 1명꼴로 멈추었고, 다른 색깔 티셔츠를 입었을 때는 모두 비슷하게 남성 운전자가 평균 7명에 1명꼴로 멈추었다. 팜므파탈을 연상시키는 붉은색은 비비원숭이, 마카크 원숭이, 침팬지 암컷의 발정기 때 회음부에 나타나는 색깔이기도 하다… 일부 과학자는 배란기 여성의 얼굴이 남성에게 더 매력적으로 느껴지는 이유가 배란기에 혈관이 확장되어 얼굴빛이 더 붉기 때문이라고 추측한다.

이 실험에 참여한 여성 히치 하이커 누구도 차에 올라타지 않았다는 사실에 주목하자. 히치 하이커를 태우기 위해 차가 멈출 때마다 젊은 여성들은 단지 실험을 하는 중이라고 설명했다. 논문은 남성 운전자 가운데 몇 명이나 "저런, 정말 아쉽군요..."라고 대답했는지를 정확히 밝히지 않았다.

1) Guéguen N. Bust size and hitchhiking: a field study. Percept Mot Skills. 2007;105(3 Pt 2):1294-8.
2) Guéguen N, Lamy L. Hitchhiking women's hair color. Percept Mot Skills. 2009;109(3):941-8.
3) Guéguen N. The effect of women's suggestive clothing on men's behavior and judgment: a field study. Psychol Rep. 2011;109(2):635-8.

# 7. 옆 차선 차들이 정말 더 빨리 갈까?

자동차 트렁크에 여행 가방을 넣었고, 자외선 차단 크림과 멀미용 위생봉지를 앞좌석 서랍에 챙겨 넣었고, 아이들을 뒷좌석에 앉혔다. 휴가 기간에 개는 할머니가 봐주시기로 했다. 물론 할머니가 휴가를 떠나시면 할머니의 개는 당신이 돌볼 것이다. 가장 가까운 고속도로로 나가 십 분쯤 달리자, 첫 번째 교통체증이 시작된다. 당신 앞뒤로 수천 대의 차가 서행하거나 정지하거나 가다 서기를 반복한다. 다섯 살 난 딸아이가 불평 섞인 목소리로 마치 노래 후렴구처럼 "언제 도착해?"를 입에 달고 있다. "800킬로미터 남았어…"라고 대답하는 순간, 당신은 차가 막힐 때 으레 그러듯이 옆 차선 차들이 더 빨리 간다는 사실을 알아차린다.

분명히 지름길인데 언제나 두 지점을 잇는 가장 먼 길이 되어버리는 '지름길의 재앙'처럼 '잘못 선택한 차선의 저주'는 운전자들에게 보편적인 법칙인 듯하다. 그런데 이런 생각에는 근거가 있을까? 옆 차선의 차들이 정말로 더 빨리 달릴까? 토론토 대학의 도널드 레델마이어(Donald Redelmeier)와 스탠퍼드 대학의 로버트 티브시라니(Robert Tibshirani)가 1999년 학술지 『네이처(Nature)』에 실은 논문에서 밝혔듯이 이 중요한 문제에 관한 데이터는 그때까지 존재하지 않았다. 옆 차선에서는 더 빨리 간다는 법칙을 확인하거나 무너뜨리기 위해 저자들은 두 가지 실험을 단행했다.

> "추월하는 것은 금세 끝나는 즐거움이고, 추월당하는 것은 오래가는 고문이다."

첫 번째 실험에서는 컴퓨터 가상현실에서 두 차선에 교통체증을 구현했다. 처음에는 모든 자동차에 혼다 어코드 차종만큼의 가속과 감속 능력을 부여했다가 그다음에 차 모델을 약간 바꾸어서 포르셰 몇 대, 시트로앵 2CV 몇 대를 추가했고, 차간거리는 차마다 임의로 설정했다. 이런 가상의 수십, 수백 대의 자동차가 가상의 고속도로에 모였다.

결과는 놀라웠다. 교통체증이 형성되자마자 두 차선이 똑같은 속도로 전진했고 시뮬레이션을 실행한 10분 내내 평균 속도가 똑같았다. 때때로 한쪽 차선 차들의 흐름이 느려지거나 멈추고 잠시 후 다른 차선이 막혔지만, 결국 추월하는 만큼 추월당했다. 그런데 추월하는 현상과 추월당하는 현상은 소요 시간이 같지 않았다. 10분 동안 추월당하면서 보낸 시간보다 추월하면서 보낸 시간이 더 짧았다. 이는 차간거리 때문이었다. 차가 범퍼와 범퍼를 맞대고 정지했을 때에는 옆 차선의 운 좋은 차들이 1초 만에 3대를 추월했다. 반면에 운행하는 차들은 서로 얼마간 떨어져 있으므로, 절대로 1초에 3대나 추월할 수 없었다... 추월하는 것은 금세 끝나는 즐거움이고, 추월당하는 것은 오래가는 고문이다.

옆 차선의 차들이 더 빨리 간다는 인상은 이런 비대칭성에서 발생할 수 있다. 이 가설은 두 번째 실험에서 확인되었다. 두 번째 실험에서는 피험자 120명에게 교통체증 한가운데 있는 차 안에서 차창을 통해 찍은 4분 길이의 동영상을 보여주었다. 사실은 옆 차선이 더 느린데도 피험자의 70퍼센트가 옆 차선이 더 빠르다고 짐작했고, 65퍼센트가 자발적으로 차선을 바꾸겠다고 대답했다. 만일 그랬다면 그들은 결국 패배자의 차선에 들어갔을 것이다.

이처럼 '고속도로의 저주'는 착각일 뿐이다. 관건은 이 설명이 슈퍼마켓에서 다섯 살 난 딸아이가 "집에 언제 가?"라고 말하는 순간, 옆 계산대의 줄이 항상 더 빨리 줄어드는 현상에도 유효하냐는 것이다.

Redelmeier DA, Tibshirani RJ. Why cars in the next lane seem to go faster. Nature. 1999;401(6748):35.

# 8. 인간, 자기 영역, 그리고 주차 공간

공공장소는 모든 이의 것이면서 동시에 어느 한 사람의 것이기도 하다. 그런데 수많은 심리학 연구가 인간은 모든 이에게 개방된 공간에 자기 영역을 표시하고, 차지하고, 지키기를 좋아한다는 사실을 강조한다. 한 실험에 따르면 도서관에서 아예 살다시피 하는 공부벌레들은 잠시 자리를 비웠다가 돌아오면 어김없이 다른 사람이 차지하곤 하는 개인 칸막이 책상을 그보다 인기가 덜한 다인용 책상보다 훨씬 더 좋아한다. 1989년의 어느 연구는 공중전화부스에 들어간 피험자들이 뒤에서 줄을 서서 기다리는 사람이 없을 때보다 있을 때 통화를 훨씬 더 길게 하는 경향이 있음을 확인했다…

이 주제에 관한 가장 유명한 연구는 1997년 『응용사회심리학 저널(Journal of Applied Social Psychology)』에 실렸다. 저자 배리 루백(Barry Ruback)과 대니얼 주이엥(Daniel Juieng)은 미국인의 생활방식을 강력하게 상징하는 장소인 쇼핑몰 주차장에서 엉뚱한 과학 실험을 펼쳤다. 저자들은 물건을 트렁크에 정리해 넣고 나서 주차 공간에서 나오려고 하는 운전자도 공중전화 사용자와 똑같이 행동하는지를 알고 싶어 했다. 바로 그 순간에 다른 운전자가 그 자리에 차를 대려고 한다면,

"또 어떤 실험자는 영역을 침범하는 인상을 주기 위해 미친 듯이 경적을 울렸다.."

이 운전자는 어서 자리를 비켜줄까, 아니면 늑장을 부릴까? 첫 번째 연구에서 저자들은 애틀랜타 시의 쇼핑몰 주차장으로 갔다. 저자들은 운전자가 차 안에 들어가려고 문을 여는 순간에 스톱워치를 누르고, 차가 주차 공간을 빠져나오는 순간에 스톱워치를 멈추었다. 그 결과, 기다리는 차가 없으면 평균 32초가 걸렸고, 기다리는 차가 있으면 평균 40초가 걸렸다...

저자들은 한 걸음 더 나아가 두 번째 실험에서는 실험자들에게 주차 자리를 탐내는 운전자 역할을 맡겼다. 어떤 실험자는 자리가 빌 때까지 참고 기다렸고, 또 어떤 실험자는 영역을 침범하는 인상을 주기 위해 미친 듯이 경적을 울렸다. 그렇게 하면 차 안에 있는 운전자가 자리를 내주는 데 더 큰 반감을 드러내는지를 확인하기 위해서였다. 이 가설은 사실로 드러났다. 실험자가 경적을 울리면 조용히 기다릴 때보다 자리가 비는 시간이 거의 40퍼센트 더 늘어났다. 저자들은 실험에 또 다른 재미있는 요소를 더해보았다. 어떤 실험자는 낡고 오래된 미니밴을 타고 실험 현장으로 갔고, 또 어떤 실험자는 호화스러운 최신형 세단을 타고 갔다. 이것은 침입자의 추정된 사회적 지위가 운전자의 반응에 영향을 미치는지를 살펴보기 위한 조처였다. 이것은 인간에게서만 나타나는 현상은 아니었다. 고급 승용차가 다가오자, 운전자들은 서둘러 자리를 비웠다. 마치 동물의 수컷이 집단에서 서열이 더 높은 다른 수컷이 나타나면 자기 영역을 내주는 것과 같았다...

임기가 끝난 정치 관료들도 반대 정당의 후임자들에게 정부 건물을 내주게 되면 씁쓸해하며 현관 앞 층계참을 쉽사리 떠나지 못할 지도 모른다. 하지만 이런 경우에는 다행히도 무례한 경적 소리나 "꺼져, 이 멍청이들아!"와 같은 모욕적인 말을 들을 걱정은 없다.

Ruback RB, Juieng, D. Territorial Defense in Parking Lots: Retaliation Against Waiting Drivers. J Appl Soc Psychol. 1997; 27(9):821-34.

# 9. 바삭바삭해서 신선한 감자 칩

여름이 다가오고 화창한 날들이 찾아왔다... 훌쩍 떠나서 어디로 소풍이라도 갔으면 좋겠다. 당신의 남편은 벽장에 손도 대지 않은 감자 칩 한 상자를 늘 보관해 두어야 성이 찬다. 지금도 감자 칩은 벽장에 고이 모셔져 있지만, 습기를 먹어서 눅진눅진해졌다. 하지만 상관없다. 이제 우리는 과학 덕분에, 그리고 음향 장치 덕분에 그 감자 칩을 다시 신선한 상태로 되돌릴 것이다. 우리는 뭔가를 먹을 때 귀로도 먹으니까 말이다. 물론 음식물의 맛을 알려주는 것은 혀지만, 냄새를 느끼는 코, 질감을 느끼는 입, 식욕을 돋우는 음식의 겉모습을 보는 눈, 그리고 날당근 비스킷과 눅눅해지지 않은 감자 칩의 바삭함을 듣는 귀도 식사를 즐기는 데 사용된다.

옥스퍼드 대학의 두 과학자는 2004년 『감각연구 저널(Journal of Sensory Studies)』에 발표한 연구에서 맛을 판단할 때 청각적 요소가 미치는 영향을 연구하다가 감자 칩의 바삭함에 관심을 보였다. 그들은 피험자를 모집한 뒤에 길쭉한 통에 든 유명 브랜드의 감자 칩을 사왔고, 과학적 실험을 위해 그 통에 모양과 질감과 냄새가 완벽하게 똑같은 동결건조 감자 칩을 채워넣었다. 그리고 피험자를 작은 방에 앉히고 감자 칩을 앞니로만 깨물었다가 씹지 말고 뱉으라고 지시했다. 이 동작을 마이크 앞에서 했고 그 소리는 헤드폰을 통해 간접적으로 피험자에게 전달되었다. 피험자는 자신이 씹은 감자 칩의 바삭함과 신선함을 0(눅눅하고 유통기한이 지남)에서 100(아주 바삭하고 신선함)까지의 단계로 표현해야 했다.

> "그리고 피험자를
> 작은 방에 앉히고
> 감자 칩을 앞니로만
> 깨물라고 지시했다."

논문 저자들은 인간을 대상으로 한 실험 윤리 규정인 1964년 헬싱키 선언을 준수하여 연구했다고 밝혔지만, 피험자들은 실험의 진짜 목표를 몰랐고 실험의 일부 측면이 조작되었다는 사실도 몰랐다. 사실 피험자의 귀에 도달한 감자 칩 소리는 반드시 그 피험자의 마이크에 잡힌 소리 그대로가 아니었다. 감자 칩 소리를 전체적으로 키우거나 줄일 때도 있었고, 입안에서 부서지는 감자 칩의 특징적 소리에 해당하는 높은 진동수의 소리만 남기고 나머지를 없앤 경우도 있었다.

실험 결과는 설명이 필요 없었다. 완전히 똑같은 감자 칩이었지만 바삭함의 척도는 소리를 줄였을 때 평균 54, 소리를 키우거나 높은 진동수만 추출하여 들려주었을 때 평균 85였다. 가공하지 않은 소리 그대로일 때에는 평균 71이었다. 신선함의 척도도 비슷한 양상을 보였다. 꽤 간단한 실험으로 피험자의 감각을 좌지우지한 것이다. 게다가 피험자의 75퍼센트가 이 실험에 여러 종류의 감자 칩이 사용되었다고 생각했다.

사람들은 바삭한 질감에서 곧바로 신선함을 연상하므로, 논문 저자들은 농학자들이 식품의 분자 구조를 변형하여 입으로 씹으면 요란한 소리가 나게 하거나, 씹는 소리가 미각적 즐거움과 가장 관련이 큰 주파수대에 위치하도록 조정할 수는 없을지 궁금해했다. 또한, 미각과 후각을 일부 잃은 노인들에게 더 강한 청각 자극으로 먹는 즐거움을 보강할 수 있겠다고 생각했다. 물론 보청기를 착용해야 하겠지만.

Zampini, N, Spence, C. The Role of Auditory Cues in Modulating the Perceived Crispness and Staleness of Potato Chips. J Sens Studies. 2004;19(5):347-363.

## 10. 어느 초콜릿 바처럼 생긴 뼈가 튼튼할까?

휴 로리가 연기하는 미국 텔레비전 드라마 「하우스」의 까칠한 천재 의사는 기본적으로 환자들은 말할 것도 없고 동료 의사들이 자신의 논리를 이해하기에는 너무 멍청하다고 생각하기 때문에 환자의 몸속에서 벌어지는 일을 설명하면서 비유를 자주 사용한다. "자, 종양은 알카에다입니다. 우리가 들어가서 깨끗이 쓸어버릴 거예요."

텔레비전에 방영되지 않는 병원 생활에서 진짜 의사들도 비록 더 예의 있게 행동하기는 하지만, 알아듣기 어려운 의학 용어를 되도록 피하려고 재치 있는 비유를 찾아내곤 한다. 적절한 이미지 하나가 열 마디 말보다 효과적이라는 것은 분명한 사실이다. 단, 그 이미지는 정확하고 올바른 것이어야 한다. 의사들이 뼈의 구조를 특정 초콜릿 바의 구조에 비유하는 장면을 자주 보았던 웨일스의 어느 병원 연구자들은 여기에 주목했다. 2007년 『영국의학저널(British Medical Journal)』에 실린 그들의 논문을 이해하려면, 영국에서 잘 팔리지만 프랑스에서는 거의 찾아보기 어려운 두 개의 과자에 대해 알아야 한다. 바로 캐드버리에서 만드는 '크런치'와 네슬레에서 만드는 '에어로'다. 크런치는 바삭한 벌집 모양 과자 겉에 초콜릿을 바른 제품이고, 에어로는 그 이

"의사들은 건강한 뼈의 내부를 크런치의 주름진 스펀지 구조에 비유했다."

름이 말해주듯이 밀크초콜릿 판 안에 공기 방울을 불어넣은 제품이다.

의사들은 건강한 뼈의 내부를 크런치의 주름진 스펀지 구조에 비유했고, 에어로 내부의 커다란 공기구멍은 뼈의 구성이 변화하여 골격이 약해진 골다공증 환자의 뼈 상태를 보여준다고 말했다. 간단히 말해 크런치형 뼈는 에어로형 뼈보다 단단하다. 얼핏 맞는 말 같지만, 과자 원료의 물리적 구성을 들여다봐도 과연 그 말이 맞을까? 여왕 엘리자베스 2세의 다리뼈가 크런치형이라면 에어로형인 경우보다 넘어져도 뼈가 부러질 가능성이 적은가?

이 엉뚱한 질문에 답하는 익살스러운 실험이 벌어졌다. 『영국의학저널』 논문 저자들은 크런치와 에어로 표본 열 개를 자비로 구매했다. 그들은 유머를 담아 "실험에 사용한 초콜릿 바의 개수는 연구비 범위 내로 제한되었다."고 명백히 밝혔다. 실험 장소는 실제로 뼈가 곧잘 부러지는 대표적 장소인 '부엌 타일 위'로 정했다. 그리고 초콜릿 바를 여덟 시간 동안 상온에 둬서 이것이 실험실 전체와 열평형[5]을 이루게 했다. 이런 종류의 실험에서는 어떤 일도 우연히 일어나서는 안 된다. 실험자들은 초콜릿 바를 정해진 높이에서 떨어뜨렸고 높이를 30센티미

5. 열평형이란 열이 이동하여 온도가 변화하지 않는 안정된 상태를 가리킨다. 온도가 일시적으로 변화할 수 있으나 평균적으로 변화하지 않는 상태다. 여기서는 초콜릿 바의 온도가 거의 일정하게 실험실 내부 온도와 같은 온도를 유지한다는 뜻이다.

터씩 늘리면서 초콜릿 바가 받은 충격을 가늠했다.

이제 과학 실험으로 밝혀진 진실을 받아들일 때가 되었다. 크런치는 에어로보다 내부 밀도가 더 빽빽하지만, 공기 방울이 들어찬 에어로보다 오히려 약하다는 사실이 밝혀졌다. 1.2미터 이상 높이에서 떨어진 크런치는 모두 완전히 부러졌지만, 같은 높이에서 떨어진 에어로 가운데 40퍼센트가 충격을 견뎌냈고, 2.1미터로 높이를 조정한 다음에야 모두 부러졌다. 초콜릿 바의 저항 능력은 뼈의 저항 능력과 마찬가지로 내부 밀도와 관계없다. 에어로에 초콜릿과 단백질이 더 많이 들어 있어서 충격을 잘 흡수했기 때문일 수도 있다. 어쨌든 뼈를 크런치와 에어로에 비유하는 것은 적절하지 않다. 다른 비유를 찾아야 한다. 스콘과 머핀은 어떨까?

Jones et al. Accuracy of comparing bone quality to chocolate bars for patient information purposes: observational study. BMJ. 2007;335(7633):1285-7.

## 11. 원심분리기 위에서 아이 낳는 법

신은 이브에게 "너는 고통 속에서 아이를 낳으리라."고 말했다. 그 뒤에 미국의 발명가 두 명이 신의 명령을 현대적으로 재해석했다. "너는 원심분리기 위에 올라가 고통 속에서 아이를 낳으리라." 조지 블론스키(George Blonsky)와 샬럿 블론스키(Charlotte Blonsky) 부부는 1965년 원심력을 이용하여 분만을 돕는 회전 분만 침대를 특허 제3,216,423호로 등록하여 엉뚱한 발명품들의 성전에 바쳤다. 상상만 해도 엉뚱하다는 생각이 들지 않는가.

블론스키 부부의 발상을 이해하려면 마치 전쟁터에서 포복하는 병사처럼 좁디좁은 통로를 따라 앞으로 나아가야 하는 불쌍한 아기와 임산부의 입장이 되어 봐야 한다. 특허증에 적힌 글을 인용해보자. "신체의 타고난 해부학적 조건 때문에 태아는 상당한 힘을 써서 조여드는 질 내벽을 밀어내야 하고, 자궁과 질 내벽의 표면 마찰력을 극복해야 하며, 어머니의 몸에서 빠져나오자마자 대기압에 저항해야 한다는 사실이 알려져 있다." 임산부 입장에서도 힘들기는 마찬가지다. "원시 시대에 그랬듯이 자궁에서 아이가 자라는 동안 근육도 기르고 신체 운동도 충분히 한 산모에게 자연은 정상적이고 신속한 분만에 필요한 능력과

번지점프 분만
아아아아아

"그리고 의료진이 원심분리기에 잘려 두 동강 나지 않도록 안전장치인 원형 울타리로 기계를 둘러쌌다."

체력을 선사했다. 그러나 문명 시대에 살아가는 여성들은 분만에 필요한 근육을 단련하지 못한 경우가 많아서 그렇지 못하다." 정말 그렇다.

하지만 허약한 임산부들도 걱정할 필요가 없다. 이제 그들에게는 조지와 샬럿 부부의 원심분리 침대가 있기 때문이다. 특허증에 적힌 글을 보면 그들은 원심분리 침대를 사용하면서 발생할 수 있는 모든 상황에 대비했다. 임산부는 머리를 회전축과 수평으로 두고 분만 침대 위에 눕는다. 침대에서 떨어지지 않으려면 허리띠를 잘 졸라매야 한다. 두 발은 발 받침대 쪽으로 내리고, 엉덩이와 가슴과 목에 각각 가죽 띠를 두른다. 이것은 실신할 경우에 대비하여 꼭 필요한 장치다. 여기서 한 가지 지적하자면, 멀미용 위생봉지가 빠졌다. 그리고 의료진이 원심분리기에 잘려 두 동강 나지 않도록 안전장치인 원형 울타리로 기계를 둘러쌌다. 그리고 긴급하게 회전을 멈춰야 하는 경우에 대비하여 브레이크를 설치했다. 앞서 말했다시피 모든 상황에 대비한 것이다.

태어날 아기 입장에서도 불의의 사고를 방지하기 위한 모든 대비를 해놓았다. 안쪽에 부드러운 면직 포대를 덧댄 신축성 있는 그물을 산모의 질 앞에 놓는다. 이는 엄마 뱃속에서 빠져나온 아기를 충격 없이 받아내고 아기가 보호벽에 짓눌려 짧은 인생을 마감하는 일을 피하기 위한 배려다. 정확히 말해 특허증에 나온 수치를 보면 원심분리 침대는 1분에 48회 이상 회전한다. 그 속도라면 아기와 태반이 쉽게 빠져나오고, 덤으로 몸속의 다른 기관도 빠져나올 수 있다.

이렇게 모든 것이, 심지어 신생아의 장래 진로마저도 완벽하게 준비되었다. 태어날 때 원심분리기 속에서 지구 중력의 7배에 달하는 가속도를 견디며 일찍이 고된 훈련을 받은 신생아는 서커스의 화려한 묘기에 두각을 나타낼 것이며, 훌륭한 전투기 조종사나 우주비행사가 될 것이 분명하다.

Blonsky G, Blonsky C. Apparatus for facilitating the birth of a child by centrifugal force. US 3216423A. 1965.

# 12. 권력자는 자신의 키가 실제보다 크다고 생각한다

2010년 브리티시 페트롤륨 사의 석유 굴착용 플랫폼 '딥워터 호라이즌'이 폭발한 사고로 바다는 미국 역사상 유례없이 심각한 수준으로 검게 오염되었다. 몇 주 뒤에 회사 대표는 이 참사의 희생자들에 관해 "우린 별 볼 일 없는 사람들을 걱정하고 있군요."라고 말해 물의를 일으켰다. 마치 한쪽에 '위대한' 사람들이 있고 다른 쪽에 보잘것없는 바보들이 있다는 듯이 말이다. 바로 이 발언을 계기로 미국 연구자 두 명이 '권력자들은 권력을 쥔 경험 때문에 자신의 키를 실제보다 더 크다고 인식하는가?'라는 놀라운 가설을 시험해보기로 했다.

이 가설은 얼핏 엉뚱해 보이지만 전혀 근거가 없지도 않다. 대중의 상상의 속에서 키와 사회적 지위는 비례한다. 대중은 자연스럽게 키 큰 사람에게 더 강한 권력과 지도력이 있다고 여기는 듯하고, 여러 설문조사 통계에서 키가 크면 평균 소득도 더 높고 책임질 일도 더 많고 미국 대통령 선거에서 이길 확률조차 더 높다는 사실이 드러났다! 또 다른 연구자들은 단어의 본래 의미와 비유적 의미가 결합하여 은유적 표현이 일종의 현실이 된다는 사실을 입증했다. 따라서 우리가 사는 세상에서 '위대한' 사람들은 스스로 키가 조금씩 자란다고 느낄 수도 있으며, 자신의 키가 실제보다 크다고 생각할 수도 있다.

연구자들은 이 가설을 확인하려고 세 가지 간단한 실험을 했고, 그 결과를 2012년 1월 학술지 『심리과학(Psychological Science)』에 발표

"'고용주'들은 자신의 키를 1~2센티미터 더 크게 적었고, '직원'들은 키를 속이지 않았다..."

했다. 첫 번째 실험에서는 먼저 피험자를 세 집단으로 나누고, 살면서 겪었던 한 가지 일에 관해 이야기하게 했다. 첫 번째 집단에 속한 사람에게는 처음으로 다른 사람을 좌지우지하는 힘을 갖게 된 경험을 말하라고 했고, 두 번째 집단에 속한 사람에게는 다른 사람의 권위에 굴복해야 했던 경험을 말하라고 했다. 그리고 대조군인 세 번째 집단에 속한 사람에게는 하고 싶은 이야기를 하라고 했다. 그런 다음에 모든 피험자가 자기 키보다 약간 더 큰 장대 옆에 서서 그 장대의 높이를 어림잡아 적었다. 남에게 권력을 행사했던 경험을 떠올렸던 첫 번째 집단은 장대와 자신 사이의 키 차이가 그리 문제 되지 않는다는 듯이 다른 두 집단과 비교하여 장대의 높이를 평균 10~15센티미터 정도 더 작게 어림잡았다.

두 번째 실험에서는 피험자들이 두 명씩 짝을 지어 역할 놀이를 했다. 먼저 누가 고용주가 되고 누가 직원이 될지를 정하는 검사를 받았다. 실제로는 역할을 임의로 정하는 것이었지만 피험자들이 각자 자신이 그 역할에 어울린다고 생각하도록 유도했다. 역할놀이 자체는 실험에 전혀 중요하지 않았다. 실험을 시작하기 전에 피험자들은 자신에 관한 설문지를 작성하면서 키를 적어야 했다. '고용주'들은 자신의 키를 1~2센티미터 더 크게 적었고, '직원'들은 키를 속이지 않았다... 마지막 실험은 두 번째 실험과 절차가 같았다. 다만 설문 외에 추가로 가

상공간에서의 역할 놀이를 위해 자신과 가장 닮은 아바타를 만들게 했다. 이때 일곱 가지 선택지 가운데에서 아바타의 키를 고르면서 '고용주'들은 평균적으로 '직원'들보다 더 큰 키를 선택했다.

자신을 중요한 인물로 여기는 사람이 셔츠 깃을 세워 그 사실을 표현하는 행동은 확실히 효과가 있다고 밝혀졌다. 이제 남은 일은 권력자에게 주변의 중요하지 않은 사람들이 작아 보이는지를 알아보는 것이다. 힌트가 하나 있다. 언론은 지난 대선 때 키가 165센티미터인 니콜라 사르코지 전 대통령이 자신보다 키가 몇 센티미터 더 큰 프랑수아 올랑드 현 대통령을 '귀여운 친구'라고 불렀다고 보도했다.

Duguid MM, Goncalo JA. Living large: the powerful overestimate their own height. Psychol Sci. 2012;23(1):36-40.

## 13. 저번에 먹은 뾰족뒤쥐는 잘 소화됐나요?

이 짐승은 이 발굴 현장에 무엇을 하러 왔을까? 고고학자는 여기저기서 발견되는 작은 동물의 뼈를 어떻게 해석해야 할까? 그 동물은 우연히 그곳에 있었을까? 사고로 죽었을까? 포식자가 잡아먹었을까? 죽고 난 다음에 먹혔을까? 그렇다면 누가 먹었을까? 일부 분(糞)화석이 암시하듯이 고대 사회에서는 들쥐, 새, 도마뱀, 개구리, 뾰족뒤쥐를 식탁에 올렸을까? 이 작은 뼈 무더기는 우리 조상의 위장을 통과해 나온 것일까?

과학은 간혹 기상천외한 질문을 하는 능력을 발휘한다. 그리고 괴짜 과학자들은 대담하게도 그런 질문에 답을 찾아낸다. 미국 고고학자 브라이언 크랜달(Brian Crandall)과 피터 스탈(Peter Stahl)은 1995년 『고고학 저널(Journal of Archaeological Science)』에 발표한 논문에서 위 질문 가운데 하나를 주제로 삼았다. '인간의 소화기관을 통과한 작은 포유류의 골격에는 어떤 변화가 일어날까?' 두 연구자는 직접 실험해서 알아보는 방법이 가장 좋다고 생각했다. 논문은 두 사람 가운에 누가 피험자 역할을 했는지를 명시하지 않았다. 다만 덫에 걸려서 과학에 몸을 바친, 꼬리가 짧고 몸집이 큰 북미산 뾰족뒤쥐의 비자발적 참여에 고마움을 표했다.

인간의 소화기관이 곤충을 주식으로 하는 포유동물의 뼈에 미치는 영향을 알아보는 실험 절차는 다음과 같다. 한쪽에 건강한 남성 연구자를, 다른 쪽에 역시 수컷이지만 사체가 되어버린 뾰족뒤쥐를 준비한다. 실험 재료를 준비하면서 실수하면 안 된다. 두 수컷을 바꿔서 준비하면 실험을 진행할 수 없다. 먼저 뾰족뒤쥐의 배를 가르고 내장을 제거한다. 너무 오래 삶으면 살과 뼈가 서로 분리되므로 2분만 삶는다. 삶은 뾰족뒤쥐를 다리, 머리 등 몇 조각으로 자른다.

"사흘 동안 연구자의 대변을 채취하여 뜨거운 물에 넣고 조심스럽게 휘저어 부순다."

연구자는 실험 몇 시간 전에 옥수수와 참깨를 먹는다. 이는 앞으로 연구자가 생산할 대변에 실험 시작 시점을 표시하기 위해서다. 연구자에게 삶은 뾰족뒤쥐를 주고, 이 짐승의 뼈가 조금이라도 훼손되지 않도록 치아로 씹지 않고 삼키게 한다. 이 소박한 식사가 끝나고 몇 시간 뒤에 다시 옥수수와 참깨를 섭취하여 실험이 끝난 시점이 대변에 표시되게 한다(고고학자들은 무슨 일에서든 층상구조 만들기를 좋아한다). 그리고 소화가 끝나기를 기다린다. 사흘 동안 연구자의 대변을 채취하여 뜨거운 물에 넣고 조심스럽게 휘저어 부순다. 물에 풀린 표본을 치즈 거르는 천으로 거른다. 걸러진 덩어리를 깨끗이 씻고 작은 뼈들을 세심하게 거두어 잘 보존하기 위해 알코올에 담근다. 그리고 마침내 뾰족뒤쥐의 유골을 현미경으로 감정한다.

레미야,
너는 장차 과학을
공부해서 위대한
업적을 남기도록
해라!
이봐, 힘내!

사흘이 지나는 동안 연구자의 몸에서 더 빠져나온 뼈는 없었다. 그랬는데도 없어진 뼈가 많았다. 이빨이 거의 다 사라졌고, 발가락뼈도 상당수 사라졌다. 척추뼈 31개 가운데 1개만 온전히 남았다. 저자들은 논문의 결론에서 인간이 통째로 삼킨 작은 짐승의 뼈가 위장의 산성 환경에서 분해되었다고 설명했다. 그리고 비교적 견고한 다리뼈가 어떻게 소화되었을지 의문을 제기하면서, 다른 연구자들이 이 주제에 관심을 보이기를 권했다. 자, 쥐 다리 맛보고 싶은 분이 계신가?

Crandall BD, Stahl PW. Human digestive effects on a micromammalian skeleton. J Archaeol Sci. 1995;22(6):789-797.

# 14. 텔레비전을 보면서 살 빼는 방법

텔레비전 프로그램은 어떤 기능을 하는가? 저명한 전문가이며 프랑스 민영방송 TF1의 국장이었던 파트릭 르 레는 이렇게 대답했다. "광고 메시지를 받아들이려면 텔레비전 시청자의 뇌가 비어 있어야 합니다. 텔레비전 방송은 시청자의 뇌를 비우는 역할을 하죠. 다시 말해서 두 개의 광고 사이에 시청자의 기분을 전환하고 긴장을 풀어 주어 광고 메시지를 받아들일 준비가 되도록 합니다. 사람들의 뇌가 텅 비는 순간에 코카콜라를 팔 수 있습니다." 이처럼 '위 채우기'와 동시에 일어나는 '뇌 비우기'는 흔히 인간이 여가를 보내는 방법이다. 바로 여기서 뇌가 아예 사라지기 직전인 텔레비전 시청자라도 풀 수 있는 에너지 방정식이 도출된다. '소파에 묻힌 엉덩이 + 섭취한 열량 = 식이요법 영양사와 지방흡입술 전문 외과의사의 행복'.

비만이라는 전염병이 부유한 국가에서 창궐하고 있다. 2010년 어느 연구에서는 미국인의 68퍼센트를 비만이나 과체중 인구로 추정했고, 그 부분적 원인을 점점 집에만 틀어박혀 사는 생활방식에서 찾았다. 같은 해에 미국의 텔레비전 시청자는 일주일에 평균 38시간 텔레비전을 시청한다는 통계가 나왔다. 비만 제조기는 전속력으로 가동하고 있다. 이 상황을 벗어나고 싶었던 테네시 주립 녹스빌 대학의 연구자 세 명은 어떻게 보면 독창적이라고 할 수 있는 발상을 하기에 이르렀다. 광고를 이용하여 시청자가 뇌를 비우고 나서 방광을 비우러 가는 대신에 운동을 하게 하면 어떨까? 무기력한 시청자를 성스러운 영상 상자에서 떼어 내는 일 없이 스포츠맨으로 변신시키려는 목적으로 세 연구자는 2012년 2월 학술지 『스포츠와 운동의 의학과 과학(Medicine and Science in Sports and Exercise)』에 게재한 논문에서 텔레비전 화면 앞에서 제자리걸음을 하라고 권유했다!

"광고를 이용하여 시청자가 뇌를 비우고 나서 방광을 비우러 가는 대신에 운동을 하게 하면 어떨까?"

논문 저자들은 텔레비전 앞에 앉아 있는 것과 비교하여 제자리걸음을 하면 유의하게 많은 열량을 소모한다는 사실을 과학적 방법으로 입증해야 했다. 18~65세 사이의 자원자 23명을 모집하여(과체중 10명, 비만 4명 포함) 다양한 자세에서 열량 소모량을 측정했다. 먼저 기초대사량을 알아보기 위해 아무것도 하지 않고 누워 있을 때, 앉아 있을 때, 러닝머신에서 시속 4.8킬로미터로 걸을 때의 세 가지 상황에서 측정했다. 그다음에 실험 목적과 직접 관련 있는 두 가지 상황, 즉, 텔레비전을 보며 한 시간 동안 앉아 있을 때, 그리고 한 시간 사이에 광고가 시작될 때마다 일어나서 분당 수백 걸음의 속도로 매번 발이 바닥에서 15센티미터 가량 떨어지도록 제자리걸음을 할 때 피험자의 열량 소모량을 측정했다. 이 한 시간 중에서 광고 시간이 20분에 달한다는 사실을 고려할 때, 제자리걸음을 하면서 148칼로리를 소모한 피험자는 소파에 앉아 있기만 하면서 81칼로리를 소모한 대조군보다 평균 67칼로리를 더 소모했다. 이렇게 제자리걸음의 운동 효과가 뚜렷이 밝혀졌다. 광고가 시작되면 우리 모두 다 함께 자리에서 벌떡 일어나자…

하지만 한 가지 의문이 생긴다. 이 연구자들은 시청자에게 텔레비전 앞에서 제자리걸음을 하라는 엉뚱한 조언을 하기보다 왜 간단하게 텔레비전을 끄고 산책하러 나가라고 권하지 않았을까? 불행히도 그들은 "텔레비전 화면 앞에서 보내는 시간을 조금도 줄이고 싶어 하지 않는" 시청자들의 마음을 잘 알고 있었기에 텔레비전 화면과 운동을 결부시키는 접근법을 우선시했던 것이다.

그들의 논리를 따른다면 국민 건강을 위해 광고 시간을 몇 배로 늘리라고 텔레비전 방송사에 요구해야 할 것이다. 그렇게 되면 정규 프로그램은 두 개의 광고 방송 사이를 채워주는 역할을 하게 될 것이다.

Steeves et al. Energy cost of stepping in place while watching TV commercials. Med Sci Sports Exerc. 2012;44(2):330-5.

# 15. 오스카는 장수의 징표일까?

혹시 장 뒤자르댕이 이 책을 읽을지는 모르겠지만, 이 글은 그를 위한 것이다. 영화 「아티스트」로 2012년 오스카 남우주연상을 받은 프랑스 배우 뒤자르댕은 2012년 2월 26일 일요일에 오스카 트로피 말고도 '장수'라는 또 하나의 트로피를 거머쥐었다. 적어도 2001년 학술지 『내과학 연보(Annals of Internal Medicine)』에 실린 어느 논문의 저자들은 그렇게 말할 것이다. 두 명의 캐나다 과학자는 사회적 지위가 기대 수명을 결정하는 요인이라는 가설에서 출발하여 유명 영화배우들의 수명에 관심을 보였다. 더 정확히 말하자면 그들은 '스타 시스템'에서 오스카가 상징하는 최종 목적지에 접근할 가능성이 배우들의 수명에 '정량적으로' 영향을 미치는지를 알고자 했다.

저자들은 인내심을 발휘하여 1929년부터 2000년까지 남우 주연, 여우 주연, 남우 조연, 여우 조연 네 개 부문에서 아카데미 상(오스카 시상식의 공식 명칭) 후보에 오른 배우들의 목록을 작성했다. 그리고 각 배우가 수상한 영화에 함께 출연한, 성별이 같고 나이가 비슷한 배우를 골라 대조군으로 삼았다. 이 작업은 거의 모든 경우에 가능했지만, 딱 하나의 예외가 있었다. 1952년 「아프리카 여왕」으로 여우주연상 후보에

> "모든 기대 수명 연구가 그렇듯이 연구자들은 묘지를 돌아다니고 부고란을 뒤져야 했다."

오른 캐서린 헵번은 그 영화에 출연한 유일한 여성이었기에 대조할 대상을 찾을 수 없었다. 그러나 캐서린 헵번은 아카데미 상 후보에 열두 번 올랐고, 그 가운데 네 번이나 수상했기에 별로 문제 되지 않았다. 이렇게 해서 연구를 위한 세 개의 집단이 정해졌다. 수상자 집단 235명, 후보에 올랐으나 수상한 적이 없는 후보 집단 527명, 후보에도 오른 적이 없는 대조군 집단 887명이었다.

그리고 모든 기대 수명 연구가 그렇듯이 연구자들은 1,649명의 배우 가운데 누가 아직 살아 있고 누가 마지막 갈채를 받고 떠나갔는지를 알아내기 위해 묘지를 돌아다니고 부고란을 뒤져야 했다. 모두 772명이 이미 저세상으로 떠난 뒤였다. 슬픈 일이지만, 통계 연구에는 안성맞춤이었다. 연구 결과 오스카 수상자는 불멸의 신이 되지는 못했지만, 영원의 일부를 할당받기라도 한 듯 수명이 평균보다 더 길었다. 수상자 집단은 대조군보다 평균 3.9년, 후보 집단보다 평균 3.6년 더 오래 살았다. 이 유의한 차이는 암 환자에게서 암이 사라지는 확률과 비슷하다. 오스카라는 유명한 금 트로피는 장수의 징표이며, 주연상인지 조연상인지는 아무 영향이 없는 것으로 밝혀졌다. 더구나 트로피를 여러 번 받을수록 더 오래 살았다. 두 번 이상 받은 배우는 대조군보다 6년이나 더 살았다!

오스카 트로피가 장수의 부적이라도 되는 걸까? 그럴 리 없다. 저자들은 배우의 성공이 수명을 연장하는 데 도움을 준다면 그 이유를 다른 데서 찾아야 한다고 말했다. 우선 유명 배우는 일반적인 배우와 비교하여 몸에 좋은 음식을 먹고, 건강관리도 잘한다. 또한, 사생활은 물론이고 일거수일투족이 언론에 감시당하기에 늘 자신의 이미지에 신경 써야 하고 분별없는 행동을 피해야 한다. 게다가 오스카 수상자들을 늘 호위하고 보살피는 에이전트, 매니저, 코치들이 마치 황금 알을 낳는 거위처럼 그들을 애지중지하지 않던가.

Redelmeier DA, Singh SM. Survival in Academy Award-winning actors and actresses. Ann Intern Med. 2001;134(10):955-62.

# 16. 자기장을 감지하는 암소의 비밀

현재 과학계에는 갈릴레이와 교회를 대립하게 했던 천체의 질서에 관한 논쟁만큼이나 중요한 논쟁거리가 있다. '암소는 과연 풀을 뜯거나 쉴 때 지구 자기장을 감지하여 그 방향에 따라 정렬하는가?'라는 논쟁이다. 목장 주인들은 오래전부터 암소들이 몸을 틀면서까지 서로 나란히 서 있으려고 한다는 사실에 주목했다. 되도록 바람을 피하려고 그런다는 말도 있고, 선선한 날에 되도록 햇볕을 많이 쬐려고 그런다는 말도 있고, 아니면 반대로 무더운 날에 태양광선에 노출되는 체표 면적을 되도록 줄이려고 그런다는 말도 있다.

그런데 이런 추측들이 모두 틀렸다고 주장하는 독일과 체코 과학자들의 논문이 2008년 미국의 학술지 『미국국립과학원회보(Proceedings of the National Academy of the Sciences)』에 실렸다. 논문 저자들은 '구글 어스(Google Earth)'에 나타난 소 떼의 모습을 분석하면서 암소들이 계절과 관계없이 지구 자기장 방향에 맞춰 나란히 정렬하는 경향이 두드러진다는 사실에 주목했다. 암소들은 마치 나침반처럼 뿔과 꼬리로 각각 지구 자기장의 북극과 남극을 가리켰다. 저자들은 이 사실을 확인해주는 관련 사례로 역시 반추동물인 노루와 사슴이 눈밭에서 잠을

자면서 숲에 남긴 흔적을 들었다. 바다거북, 비둘기, 꿀벌, 박쥐 등 수많은 동물이 지구 자기장의 영향을 받는다는 사실은 이미 입증되었지만, 이번에는 몸집이 큰 포유류에서 관련 증거를 처음으로 발견한 것이었다. 이렇게 되면 지구 자기장이 인간을 비롯한 동물에 미치는 영향을 다시 점검해야 할지도 모른다.

"암소들은 마치 나침반처럼 뿔과 꼬리로 각각 지구 자기장의 북극과 남극을 가리켰다."

논문 저자들은 이듬해에 과학의 신종 도구로 부상한 구글 어스를 다시금 활용하여 소 떼가 고압전선 아래로 지나갈 때 남북 배열이 흐트러진다는 사실을 입증하면서, 같은 주장을 반복했다. 고압전선을 타고 흐르는 전류에서 발생한 자기장이 짐승의 방향 감각을 교란하여, 소들이 전선에 수직 방향으로 정렬하는 경향이 있다는 주장이었다. 여기서 마침내 우리는 "암소들은 언제나 지나가는 기차를 바라본다."는 속담으로 알려진 보편적 현상에 대한 설명을 찾아냈다. 사실 암소는 열차나 객차 따위는 아랑곳하지 않는다. 그저 전류가 흐르는 기차선로에 수직으로 정렬하는 데 몰두할 뿐이다…

그러나 인류 역사상 중대한 발견에는 언제나 비판이 따르게 마련이다. 2011년 2월 소과(科) 동물의 체내 나침반을 두고 논쟁이 벌어졌다. 『비교생리학저널(Journal of Comparative Physiology)』에 실린 논문에서 이번에는 체코 과학자들이 선행 연구가 쌓은 탑을 무너뜨렸다. 소 떼의 전체적 정렬 방향뿐 아니라 각 개체의 정렬 방향에도 관심을 보인 논문 저자들은 새로운 일련의 사진들을 분석하면서 이 반추동물이 특정 방향으로 정렬하는 경향이 있다는 어떤 증거도 발견하지 못했고, 2008년 논문의 실험이 편향되었음을 알렸다. 반박은 기다릴 필요도 없이 곧바로 나왔다. 공격을 받은 논문의 저자들은 새 연구에 사용된 사진이 대부분 지나치게 경사진 지면이나 고압 전선에 너무 가까운 장소에서 찍힌 것이므로 이 연구를 뒷받침할 수 없다고 주장했다. 더구나 사용된 사진들이 이따금 너무나 흐릿해서 짐승이 서 있는 방향을 정확히 확인할 수 없다고도 했다. 그들이 소라고 골라놓은 것은 양일 때도 있었고 심지어 짚단일 때도 있었던 것이다!

자기장을 감지하는 암소의 비밀에 관한 연구는 여전히 이 지점에 머물러 있다. 그러니 친애하는 목장 주인들이 우유 품질을 높일 생각으로 풍수지리설에 따라 외양간을 지으려면 아직 좀 더 기다려야 한다.

1) Begall et al. Magnetic alignment in grazing and resting cattle and deer. Proc Natl Acad Sci USA. 2008;105(36):13451-5.
2) Burda et al. Extremely low-frequency electromagnetic fields disrupt magnetic alignment of ruminants. Proc Natl Acad Sci USA. 2009;106(14):5708-13.
3) Hert et al. No alignment of cattle along geomagnetic field lines found. J Comp Physiol A Neuroethol Sens Neural Behav Physiol. 2011;197(6):677-82.
4) Begall et al. Further support for the alignment of cattle along magnetic field lines: reply to Hert et al. J Comp Physiol A Neuroethol Sens Neural Behav Physiol. 2011;197(12):1127-33; discussion 1135-6.

# 17. 분식성 풍뎅이는 누구의 똥에 표를 던질까?

똥을 먹고 사는 곤충에도 여러 종(種)이 있다. 어떤 종은 전리품을 굴리며 빚어서 자신이 살고 있는 땅굴까지 가져가고, 또 어떤 종은 찾아낸 똥 안에 들어가 산다. 어떤 종은 충실하게도 딱 한 종류의 포유류 똥만 먹고, 또 어떤 종은 가리지 않고 온갖 똥을 다 먹는다.

이런 분식성(糞食性) 풍뎅이가 어느 동물의 똥을 가장 좋아하는지를 어떻게 알아낼 수 있을까? 여론조사 기관은 이 주제를 다룰 능력이 없으므로 2012년 4월 학술지 『환경곤충학(Environmental Entomology)』에 실린 연구에서는 풍뎅이 투표를 기획했다. 대략 열 종류의 포유류 가운데 어느 동물이 풍뎅이가 가장 좋아하는 똥을 싸는지에 주목한 연구였다. 네브래스카 주립대학 교수인 두 저자의 최우선 목표는 특정 포유류의 똥만 먹는 풍뎅이에게 낯선 포유류 똥을 주면 혼란에 빠지는지, 그리고 낯선 똥도 수용하는 방향으로 적응하는지를 알아내는 데 있었다. 곤충학자들은 수십 년 전에 들판에 쇠똥이 가득 쌓이는 바람에 쇠똥구리를 금값에 수입해야 했던 오스트레일리아의 역사적 사건에 깊은 인상을 받은 것이 틀림없다. 오스트레일리아 토착 분식성 풍뎅이는 캥거루 똥에만 익숙했기에 쇠똥에 대처할 능력이 없었다.

이국적인 곳에
가고 싶댔지?
소원을 들어주겠어!
바닷가의 똥
전방 12미터

따라서 논문 저자들은 덫의 미끼로 사용할 약 열 종류의 똥 후보를 제안했다. 북미에 흔히 서식하는 아메리카들소와 고라니와 퓨마의 똥, 아메리카 대륙에 비교적 최근에 살게 된 당나귀와 인간과 돼지의 똥, 조금 더 낯선 침팬지와 호랑이와 사자와 얼룩말과 영양의 똥, 그리고 이따금 분식성 풍뎅이가 모여드는 들쥐의 썩은 사체를 준비했다. 당일 생산한 신선한 표본을 가까운 동물원에서 직배송하게 했는데, 단 하나의 예외가 있었다. 인간의 표본에 대해서는 원산지를 밝히지 않았다. 저자들은 "이런 종류의 연구에서는 자원자를 구하기 어렵다."고 인정하면서, 그들 자신이 표본을 제공했음을 암시했다. 그리고 4천 헥타르의 농장 여기저기에 설치한 약 50개의 덫에 각종 똥을 배치했다. 이 특이한 투표소에서 날마다 표를 모았다. 저자들은 잡힌 곤충의 수를 세고, 어느 종에 속하는지를 확인하고 나서 1킬로미터 떨어진 곳에 풀어주었다. 2010년과 2011년에 걸쳐 진행된 이 연구에는 9천 마리가 넘는 풍뎅이가 참여했다.

"당일 생산한 신선한 표본을 가까운 동물원에서 직배송하게 했는데, 단 하나의 예외가 있었다. 인간의 표본에 대해서는 원산지를 밝히지 않았다."

개표 결과, 침팬지 똥과 인간 똥이 막상막하로 선두에 섰다. 논문 저자들은 잡식 동물의 똥에서 냄새가 많이 나기 때문이라고 설명했다. 3위는 들쥐의 썩은 사체였다. 그 구역나는 악취에 강렬한 매력이 있었던 모양이다. 또 하나의 잡식 동물인 돼지의 똥이 4위를 차지했다. 저자들은 곤충들이 특히 새로운 똥에 강한 관심을 보였다고 지적했다.

분식성 풍뎅이와 수만 년 동안 부대끼며 살아온 아메리카들소의 똥이 꼴찌였다.

인간들이 정치인을 선출하는 선거에서 보여주는 양상도 이와 별반 다르지 않다는 생각이 드는 까닭은 무엇일까?

Whipple SD, Hoback WW. A comparison of dung beetle (Coleoptera: Scarabaeidae) attraction to native and exotic mammal dung. Environ Entomol. 2012;41(2):238-44.

# 18. 맥주병을 흉기로 사용한다면?

2008년 『범죄과학 및 법의학 저널(Journal of Forensic and Legal Medicine)』에 실린 논문에서 스위스 베른 대학 법의학자들은 법원으로부터 '0.5리터짜리 맥주병으로 사람 머리를 치면 두개골이 부서지는가, 맥주병이 깨지는가?'라는 어려운 질문을 받았다. 연구자들은 술집에서 싸움을 벌이고 결국 부검실로 들어온 시신을 복구하는 데 익숙했지만, 그래도 이 질문에는 대답하기가 녹록찮았다.

"검사님이 요청하신 답변을 드리겠습니다. 작은 실험 하나면 됩니다." 먼저 엉뚱한 과학 실험에 흥미를 보였던 피에르 데프로주(Pierre Desproges)가 마련한 절차에 따라 맥주병 하나를 손에 쥔다. 데프로주는 이렇게 썼다. "우리는 그 위엄으로 당대 사람들을 떨게 했던 카트린 드 메디시스에게 경의를 표하며 이 맥주병을 카트린이라고 부르겠습니다." 그리고 술꾼 한 사람을 데려와 영화의 수많은 술집 싸움판에서 누구보다도 술병으로 머리를 많이 얻어맞은 배우 존 웨인의 이름을 따서 그를 존이라고 부르겠다. 자, 이제 카트린으로 존의 머리를 내리치기만 하면 된다... 잠깐, 잠깐! 흠... 인권이 있는 인간을 상대로 이런 실험을 한다는 것은 윤리적으로 용납될 수 없다고? 그렇다면, 어떻게 해야 할까?

스위스 연구자들은 다른 방법으로 카트린의 물리적 성질을 연구해야 했다. 특히 가장 중요한 성질은 가득 찬 맥주병과 빈 맥주병 가운데 어느 것이 더 깨뜨리기 어렵고 더 위험한지를 밝히는 문제였다. 단층

촬영을 통해 각 맥주병 유리면의 두께를 재고 어느 지점이 가장 약한지를 알아낸 실험자들은 점토로 그곳에 작은 나무판을 붙였다. 이 나무판은 두개골 뼈 역할을 했고 점토는 머리 가죽의 물렁물렁한 조직 역할을 했다. 그런 다음, 나무판을 붙인 맥주병을 물체와 재료의 강도를 시험하는 기계인 충격강도계에 올려놓고, 그 위에서 1킬로그램짜리 쇠공을 다양한 높이에서 떨어뜨려 보았다.

"가득 찬 맥주병과 빈 맥주병 가운데 어느 것이 더 깨뜨리기 어렵고 더 위험한가?"

그 결과, 맥주가 가득 찬 맥주병을 깨뜨리려면 30줄[6]의 에너지가 필요했고, 빈 맥주병을 깨뜨리려면 40줄의 에너지가 필요했다. 연구자들은 이 차이를 다음과 같이 설명했다. 맥주는 거의 압축되지 않는 액체이므로 "쇠공이 맥주병을 쳐서 조금만 변형되어도 내부 압력이 증가하여 맥주병이 깨진다." 특히 맥주에 탄산 기체가 들어 있고 빈 맥주병에는 아무것도 들어 있지 않으므로 더욱 그럴 법하다. 그렇다면 30줄이나 40줄의 에너지는 두개골에 골절을 일으키기에 충분한가? 논문 저자들은 살아 있는 사람의 두개골을 충격강도계에 올려놓을 수 없었고, 시신의 부검을 통해 얻은 기존 기록을 참고하는 정도로 그쳐야 했다. 매우 푹신한 장소에서 두개골은 14줄 정도의 충격에도 부서진다. 따라서 이 법의학자들은 법원의 질문에 두개골이 먼저 부서진다고 대답했다.

6. 줄(Joule): 물리학에서 에너지의 단위로 대문자 J로 표기한다.

자, 이제 결론이 났을까? 그렇지 않다. 두 명의 독일 연구자는 이 연구의 성급한 결론을 재검토하여 몇 달 뒤에 새 논문을 발표했다. 그들은 이미 세상을 떠난 자원자들을 대상으로 같은 성격의 실험을 20회 반복한 결과, 맥주병으로 두개골에 골절을 일으킬 수 없음을 확인했다(정말이지 카트린과 존은 서로 충돌하기 위해 태어난 모양이다). 분명한 사실은 아무리 이론이 훌륭해도 실제 실험 결과 앞에서는 무용지물이 될 수 있다는 것이다.

1) Bolliger et al. Are full or empty beer bottles sturdier and does their fracture-threshold suffice to break the human skull? J Forensic Leg Med. 2009;16(3):138-42.

2) Madea B, Lignitz E. A response to "S.A. Bolliger, S. Ross, L. Oesterhelweg, M.J. Thali, B.P. Kneubuehl, Are full or empty beer bottles sturdier and does their fracture-threshold suffice to break the human skull?" J Forensic Leg Med. 2009 Oct;16(7):432.

# 19. 칼 삼키는 곡예사의 애로사항

지금은 유명해진 미국 인터넷 뉴스 포털 사이트인 「허핑턴 포스트」의 창립자 아리아나 허핑턴은 2012년 1월 13일 자신의 사이트 첫 화면에 등장했다. 허핑턴의 업적은 수천 년의 역사를 자랑하는 '칼 삼키기'라는 곡예 종목에서 신기록을 여러 개 세운 댄 마이어(Dan Meyer)의 목구멍에서 칼날을 빼낸 것이었다. 하지만 아리아나 허핑턴은 댄 마이어가 영국 방사선 전문의 브라이언 위트콤(Brian Witcombe)과 함께 2006년 12월 저명하고 진지한 학술지 『영국의학저널(British Medical Journal)』에 논문을 발표했다는 사실을 몰랐던 것이 틀림없다. 2007년에 이그노벨상을 받은 이 논문은 칼 삼키기 선수들이 겪는 소소한 건강 문제를 다뤘다.

주의할 점이 있다. 여기서 말하는 '칼 삼키기 선수'란 공식적인 국제 칼 삼키기 협회(SSAI)가 인정한 진정한 전문가만을 가리킨다. 겨우 이쑤시개나 옷핀 따위를 삼키는 이들은 이 연구에서 고려하지 않았다. 논문에서는 "유리 조각, 네온 튜브, 작살총, 굴착기처럼 장검이 아닌 다른 물건을 삼켜서 상처 입은 경우는 배제했다."고 구체적으로 밝혔다. 칼을 삼키고 싶다고 해서 누구나 칼 삼키기 선수가 될 수 있는 것은 아

> "겨우 이쑤시개나 옷핀 따위를 삼키는 이들은 이 연구에서 고려하지 않았다."

니다. 칼 삼키기 선수 공인 타이틀과 국제 칼 삼키기 협회의 인증을 받으려는 사람은 강철 칼날이 길이 38센티미터, 폭 1.3센티미터 이상이며 길이를 조절할 수 없는 진짜 장검을 삼키는 동영상을 제출해야 한다.

브라이언 위트콤과 댄 마이어는 피험자를 모집하기 위해 국제 칼 삼키기 협회 회원 110명에게 편지를 보내 그들의 활동(몇 살에 어떤 경위로 이 기술을 익히게 되었는지, 지난 3개월 동안 칼을 몇 개나 삼켰는지)에 관해 질문했다. 그 가운데 46명이 질문에 답했고 자신의 건강 기록을 제공하기로 했다. 어떤 회원은 칼 16개를 한꺼번에 삼켰다고 했고, 3개월 사이에 300개의 칼을 삼킨 회원도 있었다. 심지어 79센티미터 길이의 칼날을 목구멍에 넣었다고 고백한 회원도 있었다.

아무리 장검을 삼킬 정도로 배가 고팠다고 해도 삼키고 나서 아무 흔적도 남지 않을 수는 없다. 긴 칼이 위까지 수월하게 들어가게 하려고 음식물로 위를 채우고 칼을 완전히 수직으로 세워서 넣었다고 해도 상처가 나게 마련이다. 인간의 소화기관이라는 지옥으로 들어가는 장검은 식도에서 출발하여 심장을 스치고 동맥과 폐를 지나가야 하지만, 논문 저자들은 설문조사에 응한 회원들에게서 최근에 목숨을 위태롭게 할 정도로 신체 기관이 훼손된 흔적을 찾지 못했다. 그 대신에 일부 회원이 이따금 가슴 통증을 느끼고, 목에서 피범벅이 된 칼을 뽑아낸 적이 있다고 했다. 가장 심각한 사례는 칼날 때문에 인두와 식도에

자격증
발음교정사
제가 발음이
이상하다 보니
생활에 지장이 있어서
왔습니다.

천공이 생기는 부상이었다. 저자들은 이 정도 부상은 내시경을 하던 의사가 가끔 실수로 손을 잘못 놀려서 환자에게 입히는 치명적인 상처보다 덜 심각하다고 말한다. 국제 칼 삼키기 협회 회원이 가장 자주 겪는 의학 증상은 후두염이었다. 후두염에 걸리면 칼을 삼키기 곤란해진다... 그들에게 장검을 삼키면서 포크와 나이프까지 함께 삼키는 일을 자제하라고 조언해야 할까?

Witcombe B, Meyer D. Sword swallowing and its side effects. BMJ. 2006 Dec 23;333(7582):1285-7.

# 20. 의학 발전을 위해 검은 토사물을 마신 의사들

장 루이 주느비에브 귀용(Jean Louis Geneviève Guyon)의 이름이 후대에 전해진다면, 자신의 몸에 기괴한 실험을 자행한 대담한 과학자로 『엉뚱한 과학 실험 백과사전』에 실려 전해질 것이다. 1794년 프랑스에서 태어난 귀용은 1822년 카리브 해의 프랑스 영토 마르티니크 최전선 보병 전투부대의 군의관으로 일하고 있었다. 19세기 초에 카리브 해에서는 황열병이 자주 발생했다. 황열병 증상 가운데 하나는 소화기관 내출혈이 일어나서 입으로 혈액이 응고된 검은 덩어리를 토해내는 것이었다. 의사들은 종종 목숨을 앗아가는 이 질병이 어떻게 발생하는지, 사람 사이에 전염되는지를 궁금해했는데, 결코 전염성이 아니라고 주장한 일부 의사들은 그 주장을 뒷받침하기 위해 자신의 몸을 기꺼이 바칠 기세였다.

귀용이 바로 그런 의사에 속했다. 그전에도 몇몇 의사가 위험을 무릅쓰고 이 신기한 검은 토사물을 맛보았지만, 1822년 여름의 귀용만큼 무모하고 용감하게 행동한 사람은 없었다. 의사로는 처음으로 마르티니크 주둔 해군 지휘관이 된 귀용의 동료 피에르 르포르(Pierre Lefort)

"귀용 씨는 해병 프라므리 담브뤽 씨가 토한 검은 토사물을 약 2온스짜리 컵에 담아 마셨다."

가 이듬해에 저서 『황열병의 비전염성에 관한 회고록』에 적었듯이, 귀용은 증인들 앞에서 생각해낼 수 있는 모든 전염 경로를 자신의 몸에 시험하는 "대담함과 희생정신의 극한"에 도달했다. 독자 여러분은 마음을 단단히 먹으시라!

실험은 6월 28일에 시작되었다. 군의관 귀용은 황열병에 걸린 이봉이라는 병사의 땀에 젖은 셔츠를 24시간 동안 줄곧 입고 있었다. 그는 동시에 "황열병 환자의 수포에서 나온 고름"을 자신의 팔에 주사했다고 르포르는 썼다. 아무 일도 일어나지 않았다. 이것은 서막에 불과했다. 6월 30일에 "귀용 씨는 해병 프라므리 담브뤽 씨가 토한 검은 토사물을 약 2온스짜리 컵에 담아 마셨다. 그리고 같은 물질을 양팔에 문지른 다음, 주사기로 그 물질을 자신의 몸에 주입했다." 이 무모한 외과의사는 "지나치게 쓴" 그 음료를 마시고 삼십 분 후에 "약간의 복통을 느꼈지만, 식사에 방해될 정도는 아니었다."

7월 1일이 되자 프라므리 담브뤽 씨는 더는 이 세상 사람이 아니었다. 그 덕분에 귀용은 아직 온기가 남았으며 검은 토사물로 덮인 그의 셔츠를 입고 역시 토사물과 배설물로 가득한 그의 침대에 누울 수 있었다. 르포르는 다음과 같이 기록했다. "그는 여섯 시간 반 동안 그 침대에 누워 있었다. 여러 증인이 보는 앞에서 그 침대에서 땀을 흘리고 잠을 잤다." 귀용이 그다음에 한 실험은 화룡점정 격이었다. 또 다른 사망자인 병사 이봉의 배를 가르자, 위에 피가 섞인 검은 액체가 가득 들어 있었고 위 내벽이 붉게 곪은 상태였다. 이 액체의 일부는 주사기를 통해 귀용의 몸속으로 들어갔고, 이봉의 위장에서 떼어낸 작은 조직을 주사한 자리에 직접 덮었다. 그랬는데도 귀용에게는 가벼운 감염 증세 외에 아무런 이상이 없었다.

"아무리 자기 생각을 확신하더라도 이 정도로 고된 실험을 자신에게 직접 하려면, 극히 일부 인간에게만 주어지는 강인한 성격과 결단력이 필요하다. (…) 이 같은 경우에 인간은 오직 자기 자신의 완전한 희생으로 자연스러운 혐오감과 거부감을 극복해 낸다." 피에르 르포르는 이 실험들을 통해 황열병이 전염되지 않는다는 주장이 승리했다고 생각했다. 황열병을 전염시키는 매개체가 모기라는 사실을 발견하기까지는 수십 년을 더 기다려야 했다.

Pierre Lefort, 『Mémoire sur la non-contagion de la fièvre jaune』, Saint Pierre (Martinique), 1823.

# 21. 영혼이 맑아지려면 고통을 감내해야 한다

십자가에 못 박히거나 몸에 말뚝이 박히거나 바퀴에 묶여 얻어맞거나 능지처참 되거나 산 채로 피부가 벗겨지거나 불에 서서히 태워지는 등 옛날 사형수가 겪었던 고난은 오늘날 거의 다 사라지고 없다. 거칠고 불편한 옷을 입거나 채찍으로 자신을 때리며 고행하는 사람도 없다. 그러나 찬란한 고통의 화신이 없는 대신에 이 시대에는 심리학자가 있다. 만일 심리학자가 이런 관행이 만연했던 시대의 주요 당사자를 과학적 방법으로 조사한다면, '고통이 영혼을 깨끗하게 씻어주는가?'라는 중대한 의문에 대답할 수 있을 것이다. 우리는 육체적 고통을 통해 속죄할 수 있을까, 아니, 적어도 영혼의 죄책감을 덜 수 있을까?

이 의문에 답하려고 오스트레일리아 심리학자 두 명과 이탈리아 심리학자 한 명이 힘을 모아 실험하고 그 결과를 2011년 1월 학술지 『심리과학(Psychological Science)』에 발표했다. 연구자들은 물론 채찍이나 야구 방망이나 활활 타오르는 숯불을 기꺼이 사용할 생각은 아니었지만, 그들이 실험 개요를 제출한 실험윤리 위원회에서는 아무리 과학 연구가 목적이라고 해도 그런 실험 기구를 사용하는 일을 높이 평가하지 않았다. 아쉽게도 연구자들은 덜 직접적인 방법을 찾아야 했다.

> "첫 번째 실험군과 대조군은 얼음물이 든 양동이에 한 손을 넣어야 했다."

심리학 실험은 실험 목표를 숨기지 않으면 실패할 확률이 높으므로, 연구자들은 우선 '자신이 얼마나 똑똑한지를 알아보는 실험'에 참여할 자원자를 60명 정도 모집했다. 이 피험자들을 세 집단으로 나누어 두 집단을 진짜 실험군으로, 나머지 한 집단을 대조군으로 삼았다. 먼저 모든 피험자가 짧은 글을 썼다. 실험군은 죄의식의 수준이 올라갈 정도로 부도덕하게 행동했던 일화를 적으라는 지시를 받았다. 이 죄의식 수준은 뒤따른 인성 검사에 죄의식 관련 설문을 슬쩍 끼워 넣어 측정했다. 대조군은 전날 타인과 교류했던 아무 경험이나 적게 했다.

그런 다음, 본격적으로 연구의 핵심으로 들어갔다. 첫 번째 실험군과 대조군은 얼음물이 든 양동이(섭씨 0~2도)에 한 손을 넣고 되도록 오래 버티게 했다. 두 번째 실험군은 미지근한 물(섭씨 36~38도)에 손을 넣었다. 피험자는 각각 0~5 사이의 통증 단계(0: 아프지 않음, 5: 으악! 못 견디겠어!)로 자신의 감각을 표현했고, 물에 손을 넣었다가 뺀 뒤에 죄의식의 수준이 달라졌는지를 알아보기 위해 다시 인성 검사를 받았다.

첫 번째 실험군은 얼음물에 평균 87초 동안 손을 넣고 있었고, 자책할 일이 없었던 대조군은 평균 64초 동안 손을 넣고 있었다. 여기서 죄책감을 느끼면 강도 높은 체벌을 통해 카타르시스를 추구하는 경향을 볼 수 있다. 손을 넣은 시간이 비슷한 피험자끼리 비교하면, 첫 번째 실험군이 대조군보다 통증을 심하게 느꼈다. 이제 남은 일은 '죄책감이라는 감정은 어떻게 진화했는가?'라는 가장 중요한 의문에 답하는 것이었다. 얼음물에 손을 넣은 피험자는 미지근한 물에 손을 넣어 통증을 느끼지 않은 피험자보다 죄책감이 두 배나 더 줄어들었다. 마치 육체적 고통이 속죄를 보장해주는 것처럼 말이다. 그러니 죄인 여러분, 혹시 채찍질이 아쉽지는 않으신지?

Bastian et al. Cleansing the soul by hurting the flesh: the guilt-reducing effect of pain. Psychol Sci. 2011;22(3):334-5.

# 22. 거북이의 하품은 전염될까?

"하품 잘하는 사람은 두 사람을 하품하게 한다."는 말이 있다. 남이 하품하는 모습을 보거나 하품하는 상상만 해도 적어도 두 명 중 한 명은 저절로 하품이 나온다는 사실은 인간을 대상으로 한 연구에서 여러 차례에 걸쳐 입증되었다(손으로 입을 가리시라. 지금 난 당신을 보고 있다). 하품의 전염 현상을 설명하는 가설은 세 가지다. 첫 번째 가설은 남이 하품하는 모습을 보면 자동으로, 기계적으로 반응하여 하품하게 된다는 주장이다. 좀 더 미묘한 두 번째 가설은 남이 하품하는 모습을 보면 무의식적으로 모방한다는 주장(카멜레온 효과)이다. 세 번째 가설에는 '공감'의 개념이 등장한다. 공감이란 다른 사람의 입장에서 그가 느끼는 감정을 똑같이 느끼는 능력을 가리킨다.

하품의 기능에 대해서는 하품의 전염 원인만큼이나 잘 알려지지 않았기에 하품에 관해 이야기하면서 아무것도 확신할 수 없었다. 정식 교육을 받은 과학자라면 누구도 이런 상황을 견디지 못한다. 그리하여 몇몇 유럽 연구자들이 이 문제에 관한 논문을 발표하여, 엉뚱한 과학 연구를 발굴하여 시상하는 이그노벨상을 받았다.

논문은 학술지 『최신 동물학(Current Zoology)』 2011년 8월호에 실

여보, 결국
그 거북이가
당신한테 정말
나쁜 영향을
미친 것 같아.
?

렸지만, 엉뚱하다는 측면에서 세계 1위를 차지한 만큼, 어서 이 연구를 소개하지 않는다면 이는 부당한 처사가 될 것이다. 논문 저자들은 뇌가 덜 발달하여 모방이나 공감 현상이 전혀 나타나지 않는 생물 종에서도 하품이 전염된다면, 첫 번째 가설이 옳다는 발상에서 출발하여 연구에 착수했다.

관건은 적절한 생물 종을 찾는 일이었다. 침팬지, 마카크 원숭이, 겔라다 개코원숭이에게서는 하품이 전염되는 현상을 이미 관찰한 적이 있었다. 따라서 선택된 종의 개체가 같은 종의 다른 개체를 주의 깊게 관찰할 능력이 있다는 조건을 충족하면서 영장류보다 뇌가 덜 발달한 대상을 찾아야 했다. 이렇게 해서 붉은발 땅거북이 선발되었다. 파충류인 붉은발 땅거북은 오감 가운데 시각에 주로 의존하고, 입을 활짝 벌리고 머리를 뒤로 젖혀 목을 길게 늘인 자세로 하품하므로 다른 동작과 헷갈릴 위험이 없었다.

연구자들은 실험에서 마주 보는 두 거북이 중 한 마리가 하품하면 다른 거북이도 약 5분 이내에 따라서 하품하는지를 확인했다. 그런데 문제는 거북이에게 하품하라고 말한다고 해서 하품할 리가 없다는 데 있었다. 따라서 연구자들은 신호를 줬을 때 거북이가 하품하면 간식을 주는 보상 체계를 이용하여 어린 암컷 거북이 '알렉산드라'를 훈련했다. 이 훈련에 6개월이 걸렸다. 이 때문에 학교 운동장에서는 휴식 시간에 이런 이야기가 오갔을 것이다. "너희 아빠는 무슨 일을 하셔?" "우리 아빤 과학자야, 거북이한테 하품하는 걸 가르치고 계시지."

> "연구자들은 실험에서 마주 보는 두 거북이 중 한 마리가 하품하면 다른 거북이도 약 5분 이내에 따라서 하품하는지를 확인했다."

알렉산드라가 신호에 따라 바로 하품할 정도로 '프로'의 경지에 이르자, 연구자들은 알렉산드라를 다른 거북이 앞에 데려다 놓고 이런저런 실험을 했다. 그러자 몇몇 거북이가 알렉산드라에게 응답하여 하품했지만, 하품하는 횟수가 평소와 다르지 않았다. 거북이들은 마치 '아, 지겨워. 좀 있으면 텔레비전에서 「닌자거북이」 할 텐데, 이놈의 실험은 언제 끝나는 거야?' 하고 생각하는 것 같았다. 이 연구는 하품이 전염되는 원리가 단순히 눈에 보이는 모습을 반사적으로 따라 하는 것보다 훨씬 복잡하다는 사실을 암시한다. 이제 남은 가설은 카멜레온 효과 가설과 공감 가설이다. 그렇다면 일반적으로 연쇄살인범에게 공감 능력이 없다는 사실을 이용하여 연쇄살인범 사이에도 하품이 전염되는지 알아보는 또 하나의 엉뚱한 과학 실험을 제안할까 한다.

Wilkinson et al. No evidence of contagious yawning in the red-footed tortoise *Geochelone carbonaria*. Curr Zool. 2011;57(4): 477-484.

# 23. 공짜 술이 제공되는 실험에 참여할 알코올 중독자 찾기

러시아 작가 리모노프에게 헌정한 소설 『리모노프』에서 에마뉘엘 카레르는 주인공들이 몰두하는 '자포이'라는 취객 마라톤에 관해 이렇게 썼다. "'자포이'란 며칠 동안 술에서 깨지 않은 채 이곳저곳 방황하고, 목적지를 모르는 채 열차에 올라타고, 우연히 만난 사람들에게 가장 은밀한 비밀을 고백하고, 자신이 한 말과 한 일을 모두 잊는 것이다." 취기에서 깨어나면서 여정을 마무리하는 블랙홀과 같은 구멍, 그 망각의 세계는 토요일 밤마다 폭음하거나 매일 술에 취하는 사람들이 잘 알고 있는 상태다. 오늘날 우리는 알코올이 뇌의 해마 기능을 교란하여 무슨 일이 일어났는지를 기억하지 못하게 한다고 알고 있다. 하지만 40년 전만 해도 이 생리학적 설명은 과학자들이 세운 두 가지 가설 가운데 하나일 뿐이었다. 조금 더 심리학적인 다른 가설은 초조함과 죄책감을 원인으로 들었다.

두 가설 가운데 어느 것이 옳은지 결론을 내기 위해 미국 미주리 주 세인트루이스의 정신의학자들은 1970년 학술지 『네이처(Nature)』에 발표한 연구에서 자원자들에게 의학적으로 마련된 술잔치에서 술을

"당시만 해도 사람을 대상으로 실험할 때의 윤리 규정이 지금만큼 엄격하지 않았다."

마시게 하고, 마시기 전후의 기억을 검사했다. 당시만 해도 사람을 대상으로 실험할 때의 윤리 규정이 지금만큼 엄격하지 않았다. 하지만 이 시대에는 철의 장막이 굳게 서 있었으므로 러시아인 자포이 전문가들을 대상으로 실험할 수 없었다. 그리고 실험자들 자신이 직접 피험자 역할을 하는 것도 불가능했다. 그랬다가는 실험 결과를 기억하지 못하는 사태가 벌어질 수도 있었기 때문이다. 따라서 부르빌의 '철 함량을 높인 물'[7]뿐만 아니라 무엇이든지 문제없이 마실 수 있는 자원자를 찾아야 했다. 그런 인물로 그 지역에서 일자리를 구하려고 직업소개소에 등록한 가련한 사람들보다 더 적합한 후보가 어디 있었겠는가. 그렇게 해서 음주 실험에 참여하고 공짜 술도 마시고, 수고비도 받을 피험자 열 명을 골랐다. 그 가운데 여덟 명이 알코올 중독자로 드러났고 다섯 명은 이미 술을 마신 뒤에 '필름이 끊겼던' 경험이 있었다. 완벽한 실험군이었다.

각 피험자는 며칠 동안 실험이 진행되는 병원에 머물렀다. 첫날에는 신체검사와 심리검사를 마치고, 둘째 날에는 이전에 마신 술의 흔적을 몸에서 말끔히 지우면서 아무것도 하지 않고 지냈다. 셋째 날에 실험이 시작되었다. 실험자는 피험자에게 4시간 동안 43도짜리 버번 위스키 0.5리터를 마시게 하고 30분마다 피험자의 상태를 점검했다.

7. 철 함량을 높인 물은 프랑스에서 알코올 중독을 치료한다고 여겼던 민간요법이다.

... 그리고 거기서 자네가 이렇게 울부짖더군. "흰 가운을 입은 녀석들은 싫어!" 그래도 기억이 나지 않나?
자포이 연구실
혈중알코올농도

이것은 체중 1킬로그램 당 2.4그램의 알코올을 주입하는 것과 같은 효과를 냈다. 실험자는 피험자에게 먼저 장난감을 보여주고 그 장난감의 이름을 각각 2분 후와 30분 후에 물어보았다. 또한, 감각적 기억 상태를 점검하기 위해 에로영화 장면을 보여주었다. 그리고 장기 기억을 시험하기 위해 초등학교 시절에 배웠을 간단한 산수 계산(물이 750밀리리터 들어 있는 병에서 100밀리리터 잔으로 물을 세 번을 따라내면 병에 남은 물의 양은 얼마인가?)을 하게 했다. 넷째 날에는 술을 마시기 시작한 지 24시간이 되는 시점에서 무엇을 기억하는지를 조사하고 그 결과를 술을 마시지 않은 피험자의 결과와 비교했다.

열 명의 피험자 가운데 다섯 명이 실험 도중에 망각의 블랙홀에 빠져 장난감의 이름도, 에로영화의 자극적인 장면도 전혀 기억하지 못했다(나체의 여인이 노란 플라스틱 여우와 춤추는 모습을 본 사람도 아무도 없었다). 논문 저자들은 이처럼 일시적으로 기억을 상실한 사람들이 알코올을 천천히 소화한 사람들이라는 사실을 알아냈고, 이 결과는 심리학적 가설보다 생리학적 가설의 편을 들어주었다. 저자들은 같은 맥락의 후속 실험을 권장했다. 딸꾹!

Goodwin et al. Loss of short term memory as a predictor of the alcoholic "blackout". Nature. 1970;227(5254):201-2.

# 24. 사람 목숨이 볼펜 하나에 달렸을 때

당신은 의대 졸업을 기념하여 식당에서 식사하는 중이다. 갑자기 옆 자리 손님 한 명의 목에 음식물 조각이 걸린다. 급기야는 숨을 쉬지 못하는 지경에 이른다. 그리고 이런 상황에서 으레 나오는 질문인 "여기 의사 없나요?"가 나오기도 전에 친구들이 모두 당신을 바라본다. 좋아, 해야 한다면 해야지... 그러나 이물질을 빼내는 데 실패한다. 응급 환자는 실신했고 얼굴이 시퍼레졌다. 유일한 해결책은 '윤상갑상막절개술(cricothyrotomy)'이다. 이 시술은 목의 후골 아래쪽 피부를 절개하고 윤상갑상막을 뚫고 기도에 관을 꽂아 공기가 통하게 하는 응급처치다. 장소가 식당이니만큼 메스를 대체할 날카로운 칼이 없을 리 없다. 그런데 기도에 꽂을 관으로 무엇을 사용해야 할까? 맥가이버 씨, 도와주세요!

당신에게, 그리고 무엇보다도 당신의 발치에서 의식을 잃은 사람에게 다행하게도, 당신은 2010년 『응급의학저널(Emergency Medicine Journal)』에 실린 어느 논문을 읽은 적이 있다. 영국인 논문 저자들은 일상 속에서 우리 목숨을 구해줄 관에 가장 가까운 사물은 볼펜이라고 주장했다. 하지만 아무 볼펜이나 되는 것은 아니다. 너무 굵으면 좁은

"특히 관이 찌그러지지 말아야 하므로 식당에서 죽어가는 사람을 되살릴 때 칵테일용 빨대를 사용해서는 안 된다."

절개 부위에 넣을 수 없어서 안 되고, 너무 얇으면 충분한 양의 공기가 흐르지 못해서 안 되고, 한쪽 끝이 환자의 기도에 잘 삽입된 상태에서 다른 쪽 끝에 의사가 입을 대고 호흡할 수 있어야 하므로 길이가 적절해야 하고, 관이 찌그러져 막히는 일이 없을 정도로 단단해야 한다. 특히 관이 찌그러지지 말아야 하므로 식당에서 죽어가는 사람을 되살릴 때 칵테일용 빨대를 사용해서는 안 된다.

이 연구가 드러낸 다른 중요한 문제는 기도에 꽂을 관을 제작하는 일, 즉 볼펜을 분해하여 볼펜 대만 남기는 과정이 신속하게 이루어져야 한다는 것이다. 학창 시절에 볼펜 대 안에 종이를 둥글게 뭉친 총알을 넣고 불어내는 블로우건 놀이를 즐겨 했던 사람들이 단연 우위에 선다. 몇몇 상표의 볼펜은 분해 과정이 너무 복잡하다. 뚜껑과 잉크 저장관 외에도 용수철 장치를 빼내야 한다. 실험에서는 피험자 스무 명이 여덟 가지 볼펜을 분해했다. 가장 구조가 단순한 볼펜을 가장 빨리 분해한 기록은 3초였다. 가장 구조가 복잡한 볼펜을 분해하는 데에는 170초가 걸렸다. 실험자들은 또한 각 볼펜 대 내부의 공기 흐름 저항력을 측정했다. 여덟 가지 볼펜 가운데 상표 '빅'과 '배런' 두 종류가 구급상자에 들어 있는 도구만큼 유용하다는 결과가 나왔다.

이해하기 어려운 일이지만, 이 연구의 유일한 문제점은 윤리적 이유로 과학자들이 볼펜을 사용하여 생체 실험을 할 수 없었다는 점이다...

어쨌든 2012년 5월 같은 학술지에 실린 다른 연구에서는 한발 더 나아가서 식당에서 옆 사람 목에 음식물이 걸린 것과 비슷한 상황에 젊은 의사들과 의대생들을 몰아넣었다. 그들에게 볼펜을 이용하여 시체에 윤상갑상막절개술을 시행해 달라고 주문했다. 시신 열네 구가 찬조 출연했는데, 그 가운데 여덟 구에서만 절개에 성공했다. 더불어 연골이 부러지고, 근육에 상처가 나고, 혈관이 터지는 등 불쾌한 사고가 발생했다. 저자들은 볼펜을 사용한 윤상갑상막절개술이 분명 가능하긴 하지만, 극한 상황에서만 고려할 일이라고 결론 내렸다... 자, 당신이라면 어떻게 하겠는가?

Owens et al. Airflow efficacy of ballpoint pen tubes: a consideration for use in bystander cricothyrotomy. Emerg Med J. 2010;27(4):317-20.

## 25. 사랑을 나눌 때 털은 어디로 갈까?

성가시게도 주인의 몸에 절대 붙어있지 않는 머리카락과 체모는 과학수사대의 소중한 협력자로 밝혀졌다. 범죄 현장이나 희생자의 몸에서 타인의 머리카락이나 털을 발견하면 종종 범인을 잡거나 혐의자의 결백을 증명할 수 있다.

그런데 1998년 『범죄과학저널(Journal of Forensic Sciences)』에 실린 미국 과학자들의 논문에서는 범인의 몸에서 떨어져 나온 음모가 강간 사례에서 유용한 증거가 될 수 있지만, 음모가 언제 어떻게 빠지는지에 관해서는 아는 바가 없음을 개탄했다. 논문 저자 세 명은 '음모가 타인의 몸속으로 얼마나 자주 옮아가는가?'라는 간단한 질문에 대답을 찾고 싶어 했다. 더 명확히 말하자면 남성의 체모는 조르주 브라생스 식으로 표현하자면 "알프스 산을 오르듯이 산행하여" 얼마나 자주 여성의 치구까지 올라가고, 그 반대의 경우는 어떻게 진행될까?

육체에 관한 이런 의문에 대답하기 위해 연구자들은 괴짜 과학자들의 엉뚱한 과학 실험 역사상 가장 외설적인 실험에 착수했다. 과학수사대 연구원 여섯 명은 엄격한 실험 절차에 따라 각자의 배우자와 사랑을 나눈 뒤에 현장에서 발견된 음모를 각 피험자가 제공한 표본과 비교하여 누구의 것인지 알아보았다. 여섯 쌍 중 다섯 쌍은 연구를 위해 다섯 번씩 사랑을 나누었고, 한 쌍만 다섯 번의 의무를 완수하지 못했다. 성관계 후에 각 피험자는 수건 위에 앉고 배우자가 피험자의 음부를 촘촘한 빗으로 빗었다. 그리고 그 수건과 수건에 묻은 내용물과 빗을 모두 봉투에 넣어 밀봉하고, 성관계 지속 시간, 사용한 체위, 마지막 성관계 시점, 마지막 샤워 시점을 적는 설문도 작성하여 제출했다.

"연구자들은 괴짜 과학자들의 엉뚱한 과학 실험 역사상 가장 외설적인 실험에 착수했다."

그 소포가 연구실에 도착하면 음모가 상대방의 몸으로 옮겨갔는지를 알아보기 위해 각 표본을 현미경으로 꼼꼼히 살펴보았다. 모두 110번의 빗질로 수백 올의 털 확보했는데, 거기에는 머리카락이나 동물 털도 섞여 있었다. 하지만 이런 털에 관해서는 여기서 언급하지 않겠다... 17퍼센트의 사례에서 한 번 이상 음모가 옮겨갔고, 연구자들은 성별 차이가 분명히 나타났다고 지적했다. 남성보다 여성의 몸에서 음모가 상대방의 몸으로 옮겨간 경우가 두 배 더 많았다. 음모가 옮겨가는 빈도가 높지는 않았지만, 강간범이 자신도 모르게 희생자의 음모를 몸에 지니고 있다면 범인을 확실히 잡을 수 있으므로 이것은 중요한 정보였다.

논문의 결론에서 저자들은 백인으로만 구성된 여섯 쌍의 표본이 인구 전체를 대표하기에는 무리가 있다는 점을 시인했다. 또한, 음모가 옮겨가는 양상과 성관계 지속 시간이나 체위 사이에 어떤 유의한 상관

출동하십시오,
경관님. 범죄현장에서 모든
종류의 털을 다 수집해야
합니다.

관계도 발견하지 못했다. 따라서 후속 실험을 한다면 표본 수를 늘려야 한다고 엄숙하게 주장했다. 자원자들은 이렇게 말할지도 모른다. "여보, 리츠칼튼 호텔에서 난교 파티가 열린다고? 빗을 가져가야 해, 이게 다 과학의 진보를 위해서야…" 저자들은 또한 실험에 참여한 열두 명의 자원자가 "오로지 학문을 발전시키려는 이타주의적 열정으로 참여했다."고 썼다. 믿거나 말거나.

Exline et al. Frequency of pubic hair transfer during sexual intercourse. J Forensic Sci. 1998;43(3):505-8.

## 26. 발정기 여성의 가치를 돈으로 평가하다

여성은 발정기를 잃어버렸나? 다른 포유류 암컷에는 보통 임신할 준비가 되었음을 알리는 '발정기'라는 시기가 있는데, 성적 매력을 발산하는 이런 시기가 인간의 진화 과정에서 사라졌다고 한다. 여성이 신호를 보내고 남성이 그 신호를 포착하는 동물성이 우리의 몸과 마음 속 어딘가로 깊이 숨어버렸다는 것이다.

얼핏 듣기에 괴상망측해서 의미 없는 농담 같지만, 곰곰이 생각할 거리를 주는 엉뚱한 과학 연구에 미국 뉴멕시코 주립대학의 과학자 세 명이 뛰어들었다. 그들은 발정기의 정체를 밝히려고 성적 매력을 발산하는 여성을 가장 쉽게 찾을 수 있는 장소, 다시 말해 거의 나체가 된 여자들이 손님의 무릎에 앉아 '랩 댄스'를 추는 스트립바를 찾았다. 여성에게 발정기가 존재한다는 증거를 찾으려는 목적으로 이 과학자들은 나체 댄서들이 벌어들인 팁이 그들의 월경주기와 상관관계가 있는지를 알아보기로 했다. 역시 미국인답게 발정기 여성의 가치를 돈으로 평가했던 것이다.

이 실험은 곳곳에 재미있는 표현이 들어 있는 논문이 되어 2007년 학술지 『진화와 인간 행동(Evolution and Human Behavior)』에 발표되었다. 저자들은 도입부에 이렇게 썼다. "대학교수인 우리가 스트립바 문화를 잘 알 리는 없지만, 스트립바가 왜 현실 세계에서 발정기 여성의 성적 매력이 발휘하는 효과를 조사하는 데 이상적인 환경인지 이해하는 데 도움을 주는 요소들을 기꺼이 환영하는 바이다." 여기서 현실

"평균 28일의 생리 주기에서 배란기 직전에 팁이 명백하게 최대치를 기록했다."

세계란 실험실 바깥을 의미한다... 과학자들은 댄서들이 클럽 손님들에게 강렬한 신호를 보내기 위해 다음과 같이 행동한다고 덧붙였다. "향수는 거의 뿌리지 않지만, 가슴에 보형물을 넣은 사람이 많고, 머리를 염색하고 음모와 다리털과 겨드랑이털을 면도하여 제거하며, 실제 이름이 아닌 '예명'을 사용한다." 일반적으로 학술 논문에서 찾아보기 어려운 상세한 설명이다.

랩 댄스를 추는 댄서에게 손님은 팁을 준다. 랩 댄스를 출 때 댄서는 가슴을 드러내고, 손님과 얼굴을 마주하거나 등을 돌리고 손님의 허벅지와 아랫배 위에 앉아 몸을 흔들지만, 손님은 그녀에게 손을 댈 수 없다. 실험에 참여한 자원자 18명은 월경 주기가 두 번 지나는 사이에 모두 296회 근무했던(랩 댄스 약 5,300회) 자료를 제공했다. 실험 결과 여성의 발정기는 사라지지 않았다. 평균 28일의 생리 주기에서 배란기 직전에 팁이 명백하게 최대치를 기록했다. 그 시기에 댄서들은 한 번에 5시간 근무하면서 평균 354달러를 벌었다. 이것은 월경 중의 수입보다 170달러 더 많고 배란 직후 황체기의 수입보다 90달러 더 많다. 배란을 막는 피임약을 복용하는 여성이 벌어들인 팁은 전 기간에 걸쳐 거의 비슷했고, 총액이 피임약을 복용하지 않는 여성보다 적었다.

이것은 인간에게 발정기가 여전히 존재한다는 사실을 사상 최초로 경제학을 이용하여 증명한 연구였다. 이제 발정기가 어떤 식으로 나타나는지 알아보는 일이 남았다. 다른 심리학 연구 결과, 몸매나 체취가 변화하거나 얼굴이 왠지 더 매력적으로 느껴지거나 화술이 늘거나 말이 많아지는 현상이 발정기의 특징이라고 한다.

Miller et al. Ovulatory cycle effects on tip earnings by lap dancers: economic evidence for human estrus? Evol Human Behav. 2007;28:375-381.

# 27. 운동선수들은 흥분제로 포르노를 사용해야 할까?

벤 존슨이 되고 싶은 선수, 스테로이드 호르몬의 도움으로 금메달을 노리는 선수라면 주사기 대신에 동영상을 사용하는 방법이 있다는 사실에 주목하라. 실제로 사람에게 특정 영상을 보여주면 근력이 증강되는 호르몬인 테스토스테론이 분비된다고 알려졌다. 테스토스테론은 근육통에 대한 내성과 지구력은 물론 근력을 향상하게 하는 물질이다. 이미 1974년에 독일에서 이루어진 실험에서 포르노 영화를 본 남성은 단 몇 분 만에 고환에서 생산하는 테스토스테론 분비가 증가한다는 사실을 입증했다. 2010년에는 하키 선수팀에게 예전에 이겼던 경기의 녹화 영상을 보여주고 나서 같은 결과를 얻은 연구가 있었다. 그 선수들은 승리가 얼마나 달콤한지 잘 알았던 것이 틀림없다.

이제 남은 일은 자극적인 영상으로 유발한 비교적 급격하지 않은 테스토스테론의 증가가 경기 성과를 눈에 띄게 향상하게 하는지를 알아보는 것이었다. 이것이 바로 영국 과학자 두 명이 학술지 『호르몬과 행동(Hormones and Behavior)』에 발표한 연구에서 시험한 가설이다. 크리스천 쿡(Christian Cook)과 블레어 크루서(Blair Crewther)는 실험에 참여할 프로 럭비선수 12명을 모집했다. 선수들의 평균 키는 190센티미터, 평균 체중은 99킬로그램이었다. 이 선수들은 직업상 모두 헬스장에 자주 다녔고, 어깨에 무거운 역기를 지고 다리를 구부려 허벅지와 엉덩이 근육을 강화하는 운동인 '스쿼트'를 할 줄 알았다.

"반대로 야하거나 공격적인 영상, 운동 관련 영상을 보고 나서는 웨이트를 평소보다 더 많이 들어올렸다."

여러 날에 걸쳐 6회의 실험을 했다. 먼저 테스토스테론양을 측정하기 위해 운동선수들의 침을 몇 방울 채취하고, 짧은 동영상을 보여주고 나서 15분 뒤에 침을 다시 채취했다. 그다음에 선수들은 능력을 최대한 발휘해 보라고 부추기는 트레이너 앞에서 스쿼트를 했다. 6회의 실험에서 선수들이 본 영상을 임의의 순서로 나열하면, 웃음을 자아내는 코미디, 기아로 죽어가는 아프리카 어린이에 관한 슬픈 다큐멘터리, 거의 다 벗은 여자들이 춤을 추는 야한 영상, 프리스타일 레슬링 챔피언의 훈련 장면, 럭비 경기 중의 거친 태클을 보여주는 공격적인 영상이 있었고, 기준치를 설정하기 위해 텅 빈 스크린을 보여 주기도 했다.

이 실험은 기존 연구에서 이미 알아낸 사실을 확인해주었다. 흥분되는 영상이나 운동하는 모습이나 폭력적인 장면(웃기는 영상도 약간 효과가 있었다)을 보고 나서 테스토스테론양이 10퍼센트까지 현저히 증가했고, 아프리카의 야윈 아이들을 보고 나서는 테스토스테론양이 줄어들었다. 이 경향은 헬스장에서도 그대로 나타났다. 피험자들은 슬픈 영상을 본 뒤에 평균적으로 스쿼트를 평소보다 잘하지 못했다. 반대로 야하거나 공격적인 영상, 운동 관련 영상을 보고 나서는 웨이트를 평소보다 더 많이 들어올렸다. 이로써 증명을 마쳤다. 이제 코치는 선수들의 성과가 저조할 때 어떻게 하면 되는지를 안다. 각 경기 직전에 선수 탈의실에 나체의 여인들을 풀어놓고 격투를 벌이게 하면 된다...

마지막으로 영국 과학자들이 이 주제와 관련된 일련의 실험을 한 시기가 2012년 런던 올림픽이 열리기 전인 2010년과 2011년이었다는 사실에 주목하자. 영국이 런던 올림픽에서 좋은 성적을 거둔 것은 바로 이 연구 덕분이 아니었을까?

Cook CJ, Crewther BT. Changes in salivary testosterone concentrations and subsequent voluntary squat performance following the presentation of short video clips. Horm Behav. 2012;61(1):17-22.

## 28. 누가 자신의 고환을 과학에 바치는가?

영화 「카지노 로얄」에서 지독한 악당 르시프르는 007 요원 제임스 본드가 딴 돈을 돌려받으려고 본드를 고문한다. 그가 사용한 고문법은 비밀요원의 고환을 때리는 것인데, 그 지경에 이르러서도 요원은 침묵을 지키는 데 성공한다(여왕 폐하를 위해 무엇을 못하겠는가?). 언젠가 고환을 축구공이나 말굽에 얻어맞았거나, 평행봉 체조를 하다가 봉에 부딪힌 적이 있는 사람이라면 그 부위가 얼마나 민감한지 잘 안다. 그것은 견딜 수 없으며 이루 말할 수 없는 고통이고, 너무나 강렬한 통증이 복부까지 올라온다. 만약 어느 과학자가 자신의 본분을 망각하고 제임스 본드를 심문하는 일을 도왔다면, 틀림없이 그 기회를 놓치지 않고 본드에게 통증의 양상을 구체적으로 묘사해 달라고 부탁했을 것이다.

사실 이런 종류의 실험에 참여할 자원자를 찾기는 쉽지 않다. 그런데 1933년 런던에서 두 명의 과학자가 과학을 향한 강렬한 열정을 못 이겨 자신의 몸을 실험 재료로 제공하기로 했다. 공교롭게도 두 과학자는 제임스 본드와 마찬가지로 영국 여왕의 신민이었고, 지면이 모자라지 않으니 하는 말인데, 대영제국 국민들이 자신의 소중한 신체 부위를 학대하는 경향이 있지 않은지 의문을 품게 된다. 과학자 울라드

(Woollard)와 카마이클(Carmichael)은 1933년 학술지 『뇌(Brain)』에 앞서 언급한 주제를 다룬 논문을 발표했다. 이 논문은 통각 자극을 직접 받은 부위가 아닌 다른 부위에서 통증을 느끼는 사례를 다루었다. 두 과학자는 주변 다른 장기에 추가로 느껴지는 통증이 어떻게 전달되는지를 알고 싶었고, 가장 접근하기 쉬운, 그러니까 손으로 잡을 수 있는 유일한 장기를 이용하여 혹독한 실험을 하기로 했다.

> "일단 고환이 마취되고 나면 그 위에 작은 쟁반을 올려놓고 쟁반에 추를 단계적으로 올려놓았다."

두 과학자는 역할을 분담했다. 그들은 논문에 다음과 같이 썼다. "둘 중 한 명이 피험자가 되고 다른 한 명이 관찰하기로 했다." 이 글을 쓰고 있는 지금 현재, 어느 과학자가 대를 잇는 데 필요한 자신의 보물을 실험에 제공했는지, 어느 과학자가 그것을 (물론 부분마취한 상태에서) 짓눌렀는지, 제비뽑기로 역할을 정했는지는 알려지지 않았다. 다음과 같은 실험 절차를 5번 반복했다. 실험 목적이 고환의 통증이 어떤 경로로 주변으로 퍼지는지를 알아보는 것이었으므로, 생식기에 위치한 여러 신경에 국소마취제 노보카인을 주사하여 마취했다. 일단 고환이 마취되고 나면 그 위에 작은 쟁반을 올려놓고 쟁반에 추를 단계적으로 올려놓았다.

추를 추가할 때마다 피험자는 느낌이 어떤지를 진술했다. 보통 300그램부터 눌린 고환(고환의 무게는 20그램이 채 되지 않는다...) 옆의 서혜부에 불편한 느낌이 어렴풋이 전해지기 시작했다. 그리고 추를 1킬로그

아야야야야야
아직
건드리지도
않았어!
클로로
포름

램까지 늘리는 동안 통증이 점점 더 강해졌다. 마취된 신경 또는 마취되지 않은 신경을 통해 통증이 다른 쪽 고환이나 등 한가운데까지 전달되었다. 그러나 피험자는 영국인다운 침착함을 절대로 잃지 않았다.

국소마취제를 사용한 것은 정말 다행이었다. 2012년 4월 중국 하이커우에서 가게 주인이 스쿠터를 자기 가게 앞에 세웠다고 스쿠터 주인을 나무란 사건이 있었다. 가게 주인은 남자였고 스쿠터 주인은 여자였다. 둘은 몸싸움을 벌였고 여자가 민첩하게 상대의 고환을 잡아서 꽉 쥐었다. 남자는 죽었다. 인간은 참으로 약한 존재다.

Woollard HH, Carmichel EA. The Testis and Referred Pain. Brain. 1933; 56(3):293-303.

# 29. 동물의 연인이여, 성기를 조심하라!

동물을 사랑하는 사람들이 있다. 그리고 동물과 사랑을 나누는 사람들이 있다. 나는 엉뚱한 과학 연구를 소개하고자 금기를 무시하고 2011년 10월 24일 『성의학 저널(The Journal of Sexual Medicine)』에 실린 남성의 동물성애 행위에 관한 브라질 연구자들의 실험을 설명하고자 한다. 사실 연구자들은 이 논문을 선정적인 목적으로 작성하지 않았다. 논문 저자인 20명의 의사는 유럽보다 브라질에서 훨씬 자주 발병하는 음경암과 동물성애 행위 사이에 존재할 수도 있는 상관관계에 진지한 관심을 보였다. 이들은 연구를 진행하기 위해 시골과 빈곤 지역 출신의 18~80세 남성 492명에게 조금은 강압적인 설문조사를 했다. 492명 중 118명이 음경암 환자였고, 나머지는 대조군이었다. 연구 결과는 과거에 '수간'이라고 불렀던 행위를 비정상으로 여기는 사람들에게 충격을 주었다. 피험자의 35퍼센트가 한 마리 이상의 동물과 성행위를 한 적이 있다고 시인했다. 일반적으로 13~14세 나이의 청소년기에 시작하여 약 4년 뒤에 중단했는데, 동물성애자 대부분이 인간에 속하는 개체에게서 사랑받게 되면 동물학대를 중단한다. 그러나 동물에 대한 끈질긴 욕망에 사로잡힌 사람들도 있어서 연구에 참여한 한 남성은 26년 동안 동물과 사랑을 나눴다고 고백했다…

한 번의 애정 표현으로 만족하거나, 하룻밤 실수라고 변명하는 남성은 드물었다. 동물성애 행위를 경험한 사람의 40퍼센트 정도가 적어도 일주일에 한 번씩 사육장에서 성행위를 했다. 그들에게 동물 농장은 하렘이었다. 선호하는 동물 1위가 암말이었고, 그다음은 암탕나귀, 암 노새, 암염소, 암탉, 송아지, 암소, 수캐와 암캐, 숫양과 암양, 수퇘지와 암퇘지 순이었다. 연구에서 얻은 '애정의 지도'[8]는 브라질 가축 사육 지도를 닮았다. 가금류는 남부나 남동부 출신이 인기 있었고, 말과(科) 동물은 북동부 출신이 인기 있었다. 세 가지 사례가 '기타 종'으로 분류된 점에 대해 우리는 유감스럽게도 이 연구의 정밀도가 부족하다고 한탄할 수밖에 없다… 상대 동물에 대한 의리가 반드시 지켜지지는 않았고, 많은 피험자가 이 동물에서 저 동물로 상대를 바꿨다고 시인했다. 여러 남성이 윤간에 몰두했다고 고백한 것으로 봐서 동물성애자들은 집단 성행위도 하고 있었다.

"가금류는 남부나 남동부 출신이 인기 있었고, 말과 동물은 북동부 출신이 인기 있었다."

이 논문은 음경암 환자가 건강한 남성보다 동물과 성관계를 유의하

8. '애정'이라는 상상 속 나라를 상정하고 '우정', '존경', '감수성', '오만함'과 같은 인간 감정을 우의적으로 지명처럼 표시한 지도다. 17세기 프랑스의 여류 문인인 마들렌 드 스퀴데리의 작품에 처음 삽입되었다. 당시 '프레시외'라고 불린 사교계 인사들이 이런 식의 재치 있는 지도를 만든 적이 있다.

게 더 많이 했음을 보여주었다. 음경암 환자 집단은 또 한편으로 여러 명의 상대와 성관계를 맺고 있거나 매춘부를 자주 찾아가거나 담배에 중독되는 등 여러 가지 암 발병 요인에 노출되어 있었다. 논문 저자들은 동물성애와 음경암 사이의 상관관계를 설명하는 두 가지 실마리를 제시했다. 첫째, 동물의 점액과 동물에 서식하는 미생물과 자주 접촉한다. 둘째, 성기에 잘 맞지 않는 '입구'에 삽입하면서 성생활을 시작한 동물성애자들은 음경에 미세한 외상이 많이 생겨서 질병에 더 쉽게 노출된다.

따라서 짐승과의 사랑은 위험한 관계로 밝혀졌다. 음경암을 치료하려면 대부분 성기 일부 또는 전체를 절제해야 한다. 송아지여, 암소여, 수퇘지여, 병아리여, 안녕...

Zequi Sde et al. Sex with animals (SWA): behavioral characteristics and possible association with penile cancer. A multicenter study. J Sex Med. 2012;9(7):1860-7.

# 30. 죽음의 신이 걷는 속도

조르주 브라생스[9]는 아름다운 샹송 「세트의 해변에 묻어주오」에서 이렇게 노래했다. "난 죽음의 신의 콧구멍에 꽃을 심었네. 그걸 용서하지 않은 죽음의 신이 날 미치광이처럼 뒤쫓아 오네." 이 말이 사실이라면 얼마나 빨리 따라온다는 걸까? 뼈만 남은 죽음의 신은 후드가 달린 검은 가운을 입고 영혼을 수확하는 낫을 휘두르며 아직 과학적으로 확인된 바 없는 속도로 다가온다. 오스트레일리아 과학자들이 유머를 가미한 의학 논문을 2011년 12월 15일 『영국의학저널(British Medical Journal)』에 발표하면서 그 비밀을 밝혀냈다.

연구자들이 사용한 방법을 이해하려면 다음 두 가지 사실을 알아야 한다.

1) 걷는 속도는 노인의 신체 기능을 객관적으로 측정하는 훌륭한 수단이다.

2) 걷는 속도를 지표로 삼았을 때 몇몇 통계 집단의 수명이 긴지, 짧은지, 평균

9. 조르주 브라생스(1921~1981)는 프랑스 세트 출신의 샹송가수이자 시인이다. 대표곡으로 「세트의 해변에 묻어주오」, 「지나간 시절의 거리」, 「고릴라」, 「오베르냐를 위한 노래」 등이 있다.

에 가까운지를 신뢰할 만하게 예측할 수 있었다.

다시 말해 죽음은 속도의 문제다. 너무 느리게 걸으면 위대한 죽음의 신에게 따라잡힌다. 따라서 노인들이 걷는 속도를 측정하고 그 시점부터 몇 달이나 몇 년이 흐르는 사이에 그 가운데 누가 죽음에 굴복하거나 굴복하지 않는지를 관찰하면, 죽음의 신이 걷는 최대 속도를 정확히 추정할 수 있다.

『영국의학저널』 논문 저자들은 이 공중보건 분야의 수수께끼를 풀기 위해 70세 이상 노인 수백 명을 대상으로 진행한 대규모 의학 설문조사를 이용했다. 이것은 선거인명부에 등록된 1,600명이 넘는 시드니 인근 거주 노인들을 대상으로 진행한 설문조사였다. 오스트레일리아 국민은 누구나 의무적으로 투표해야 하므로, 선거인명부를 이용하면 생년월일 정보도 얻으면서 전체 인구를 대표하는 표본을 얻을 수 있다는 이점이 있었다. 죽음의 신을 직접 소환하여 러닝머신에 태우고 실험하는 편이 낫지 않느냐는 질문에 저자들은 이렇게 답했다. "연구에 참여하려면 시드니 지역에 살아야 한다는 조건이 있었으므로 이 임상시험에 죽음의 신을 초대할 수 없었다. 게다가 우리가 아는 한 죽음의 신은 현재 오스트레일리아 선거인명부에 등록되지 않았다." 아쉽지만 어쩔 수 없는 일이다.

연구자들은 먼저 할아버지들이 걷는 속도를 측정했다. 그러고 나서 기다렸다. 평균 5년 동안 그들은 종종 피험자 건강 상태의 변화를 추적

했고, 누군가가 조사에 응답하지 않으면 사망자 명부를 열람했다. 피험자 가운데 266명이 연구의 결말을 보지 못한 채 떠났다. 그들이 살아 있었다면, 평균 시속 2.95킬로미터 이하로 걷는 사람이 그보다 빨리 걷는 사람보다 죽음의 신에게 따라잡힐 위험이 훨씬 크다는 사실을 분명히 알게 되었을 것이다. 결국, 시속 2.95킬로미터가 죽음의 신이 평소에 걷는 속도다. 반면, 시속 4.9킬로미터 이상으로 걸으면 죽음의 신이 따라잡지 못한다. 신의 근력이 일정 수준 이상으로 늘어날 리 없기 때문이다. 연구자들은 『해리포터』에 나와 유명해진 '죽음의 성물' 같은 도구를 활용하면 서둘러 걷지 않아도 죽음의 신에게서 도망칠 수 있는 다른 가능성도 존재한다고 썼다. 불행히도 이 도구를 시험한 적은 없지만 말이다.

"연구자들은 먼저 할아버지들이 걷는 속도를 측정했다."

그런 성물이 있는지 몰랐던 조르주 브라생스는 1981년 10월 어느 날, 자신의 노래 제목처럼 「지나간 시절의 거리」를 걸어 내려가면서 발걸음을 늦추고 "할아버지처럼 걷자."는 불길한 생각을 해버렸다...

Stanaway et al. How fast does the Grim Reaper walk? Receiver operating characteristics curve analysis in healthy men aged 70 and over. BMJ. 2011;343:d7679.

# 31. 50년이 걸린 손가락 관절 꺾기 연구

'사팔눈을 뜨지 마라. 그러다가 바람이 불면 눈동자가 제자리로 돌아오지 않는다!', '자위하지 마라. 계속하면 귀먹는다(또는 어떤 나라에서는 눈이 멀거나, 대머리가 될 수도 있다).' 이처럼 어이없는 사회 통념의 목록을 작성하여 평가한다면, 부모들은 틀림없이 '의학' 범주에 금메달을 수여할 것이다. 이런 판에 박힌 문구를 보며 우리는 부모들의 잠재적인 불안감을 너그러이 이해해주어야 한다. 그 가운데서도 가장 유명한 것은 '철분이 풍부한 시금치를 많이 먹어라.'라는 조언이다. 우리는 이 식용 식물의 철분 함유량을 표기할 때 소수점을 잘못 찍어서 실제 수치보다 10배 높다고 발표하는 바람에 그런 전설이 생겼음을 1930년대부터 익히 알고 있다. 필요한 철분을 얻기 위해 시금치 통조림의 내용물보다 차라리 통조림 깡통을 씹는 편이 나았을 '포파이'의 사례는 지금도 여전히 가정에서 영향력을 발휘하고 있다.

도널드 엉거(Donald Unger)는 그런 부모와 친척에게서 깊은 영향을 받은 의사다. 1920년대 후반에 태어난 이 캘리포니아의 알레르기 전문의는 '손가락 관절을 뚝! 소리 나게 자꾸 꺾으면 관절염에 걸린다.'는 신념을 대단히 오랫동안 지켰다. 엉거는 1998년 전문 학술지 『관절염과 류머티즘(Arthritis and Rheumatism)』에 투고한 글에서 자신의 어머니, 고모와 이모들, 그리고 마침내 장모에게 이 경고를 들었다고 썼다. 그래서 손가락을 비틀 때 생기는 작은 기포를 터뜨리는 일을 완전히 포기했다. 그러나 도널드 엉거는 뼛속까지 과학자였던 셈이다. 어머니의 이런 가르침에 과학적 근거가 있을까, 아니면 적어도 타당성이 있을까?

"엉거는 자신의 어머니, 고모와 이모들, 그리고 마침내 장모에게 이 경고를 들었다."

이 현상을 실험한 이야기가 더 재미있다. 그는 바로 자신을 실험대상으로 삼았다. 이 미국 의사가 고안한 실험 절차를 그가 직접 쓴 글을 통해 살펴보자. "필자는 50년 동안 하루에 최소한 두 번 이상 왼손의 손가락 관절을 꺾었고, 대조군으로 삼기 위해 오른손의 관절은 건드리지도 않았다. 그 결과, 왼손 관절은 최소한 36,500회 꺾였고 오른손 관절은 아주 드물게 꺾이거나 어쩌다가 저절로 꺾일 때를 제외하면 꺾인 적이 없었다. 50년 뒤에 필자는 관절염이 생겼는지를 알아보기 위해 양손을 비교했다." 반세기에 걸친 실험 결과, 관절염 징후가 전혀 없었고, 양손의 건강 상태에도 아무런 차이가 없었다.

도널드 엉거는 실험 대상으로 삼은 표본이 한 손의 손가락 다섯 개로 너무 제한되었고, 비록 오랜 기간의 연구에서 관절 꺾기와 관절염 사이에 상관관계가 없음을 증명했지만, 더 확실하게 하려면 더 큰 표본을 대상으로 똑같은 분석을 해야 한다고 시인했다. 그의 호소에 응답하듯이 2011년 『미국 가정의학회 저널(Journal of American Board of

Family Medicine)』에 실린 연구에서는 200명이 넘는 노인을 대상으로 조사가 진행되었고, 관절을 자주 꺾는다고 해서 자주 꺾지 않은 사람보다 관절염에 더 잘 걸리지 않는다는 사실을 확인했다.

한편 도널드 엉거는 위의 연구 덕분에 2009년 엉뚱한 과학 실험의 선두 주자를 치하하는 이그노벨상을 받음으로써 나름대로 명예를 누렸다. 83세의 엉거는 하늘을 향해 농담 반 진담 반으로 이렇게 소리쳤다. "어머니, 제 말 듣고 계신 거 알아요. 어머니 말씀은 틀렸어요! 그리고 마침 제 말을 듣고 계시는 김에 드리는 말씀인데, 제발 시금치는 그만 좀 먹어도 되지 않을까요?"

1) Unger DL. Does knuckle cracking lead to arthritis of the fingers? Arthritis Rheum. 1998;41(5):949-50.
2) Deweber et al. Knuckle cracking and hand osteoarthritis. J Am Board Fam Med. 2011;24(2):169-74.

# 32. 우주의 법칙은 우리 편이 아니다

"만약 어떤 일이 나쁘게 풀릴 가능성이 있다면, 그 일은 나쁘게 풀린다." 이것이 바로 1940년대 말 미국 공군 소속 어느 기술자가 경험을 토대로 세우고, 자기 이름을 붙인 '머피의 법칙', 즉 최대 불운의 법칙이다. 여기에서 파생된 흥미로운 법칙 가운데 가장 유명한 것은 말할 것도 없이 '버터 바른 빵의 법칙', 다시 말해서 빵은 항상 버터 바른 쪽으로 엎어진다는 법칙이다. 어떤 사람들은 그 이유를 토스트 표면에 기름진 물질을 바르면 토스트의 관성 모멘트[10]가 변화하여 공기 중을 비행할 때 대칭성이 무너지기 때문이라고 직관적으로 설명한다. 실제로 1995년 『유럽 물리학 저널(European Journal of Physics)』에 실린, 영국식 유머로 가득하면서 과학적 성격도 충분한 논문에서 로버트 매튜스(Robert Matthews)는 음식 맛을 내는 데 그토록 중요한 버터를 이 문제에 관해서는 무시해도 좋다는 사실을 입증했다. 빵이 버터 바른 쪽으로 떨어진다면, 그 이유는 단순히 자연의 법칙이 우리 편이 아니기 때문이다. 버터 바른 빵의 낙하에 관한 연구는 우리가 사는 세계의 심오

10. 회전하는 물체가 회전 운동을 유지하려는 정도를 나타내는 물리량이다.

하게 불길한 성격을 명확히 밝혔다. 텔레비전 뉴스로 미루어 보면 별로 그런 것 같지 않지만, 과학적 증명은 단순한 추측보다 타당하다.

로버트 매튜스는 탁자에서 바닥으로 떨어지는 빵의 역학을 철저히 검토했다. 미끄러짐, 마찰력, 회전 등 모든 측면을 고려한 것이다. 첫

번째 결론은 일반적으로 바게트든 식빵이든 빵 조각이 바닥에 닿기 전에 한 바퀴(360도)를 완전히 돌 시간이 없다는 것이다. 여기서 실험을 멈추고 이 법칙의 파생 명제인 "빵이 버터 바른 쪽으로 엎어질 확률은 양탄자의 가격과 정비례한다."로 넘어갈 수도 있었다. 그러나 로버트 매튜스는 경제학이 아닌 물리학에 관심이 있었고, 하나의 주제에 깊이 파고들기를 좋아했다.

"인간이 네 발로 걷는다면 키가 3미터를 넘더라도 살짝 넘어진다고 해서 머리가 깨지는 일은 없을 것이다."

매튜스의 논문을 장식하는 수식을 보면 알 수 있듯이, 실험자의 미숙함이나 실험자가 전날 밤에 마신 보드카의 양과 같은 실험 외적 요소를 제외하면, 빵의 비극을 연출하는 주된 요소는 탁자의 높이다. 탁자의 높이는 인간의 평균 키에 따라 결정되고, 인간의 평균 키는 진화의 결과다.

인간의 옛 조상이 수백만 년 전에 획득한 직립보행이라는 특성은 안전상의 이유로 인간의 키를 제한하는 요소다. 인간이 네 발로 걷는다면 키가 3미터를 넘더라도 살짝 넘어진다고 해서 머리가 깨지는 일은 없을 것이다. 따라서 탁자의 높이는 인간이 넘어질 때 뼈가 부러지지 않고 견디는 저항력에 따라 결정되고, 그 저항력은 뼈 구성물질의 구조, 양성자와 전자의 질량, 그리고 원자가 분해되지 않고 결합 상태로 존재하게 하는 전자기력을 지배하는 미세구조상수에 의해 결정된다. 이런 것들은 또한 빛의 속도(에너지양을 계산하기 위해), 중력의 법칙

과도 연관된다. 결국, 모든 인간은 빅뱅 이후에 고정된 우주 기본상수 때문에 버터 바른 빵에 적용된 머피의 법칙을 스스로 실험하며 살아갈 운명에 놓였다.

2001년 로버트 매튜스는 자신의 연구 결과를 재확인하기 위해 영국 전역의 초등학생을 대상으로 대규모 실험을 진행했다. 수천 개의 빵이 탁자에서 바닥으로 떨어졌고, 그 가운데 62퍼센트가 버터 바른 쪽으로 엎어졌다. 62퍼센트와 38퍼센트의 차이는 순수한 우연으로 볼 수 없는 유의한 차이였다. 그리고 전체 빵의 38퍼센트가 버터를 바르는 쪽으로 엎어지지 않은 이유도 설명되었다. 그것은 버터를 반대쪽에 발랐기 때문이었다.

Matthews RAJ. Tumbling toast, Murphy's Law and the fundamental constants. Eur J Phys. 1995;16(4):172.

# 33. 마리 앙투아네트 증후군을 찾아서

누구도 목격한 적은 없으면서도 소문만 무성한, 피부학과 미용학에 관련된 증후군이 있다. 마리 앙투아네트 증후군은 과연 존재하는가? 옛이야기에 나오기를 프랑스의 마지막 왕비 앙투아네트는 1793년 10월 16일 단두대에 오르기 전날 밤, 머리카락이 모두 하얗게 셌다고 한다. 생트 뵈브는 저서 『월요 한담』에서 왕비의 머리카락이 하얗게 센 것은 그로부터 2년 전, 왕족들이 프랑스 국경을 넘어 도망치려고 시도하다가 바렌에서 체포되었던 1791년 6월 21일의 일이었다고 썼다. "캉팡 부인이 바렌에서 돌아온 왕비를 다시 만났을 때, 왕비는 모자를 벗고 슬픔이 자신의 머리카락을 어떻게 바꾸어놓았는지를 보라고 말했다. '단 하룻밤 만에 머리카락이 일흔 살 여인의 머리카락처럼 하얘졌어.' 당시 왕비는 서른여섯 살이었다."

이 급작스럽고 극적인 변신의 주인공으로 마리 앙투아네트가 캐스팅되었지만, 사실 이런 현상은 훨씬 오래전에 목격된 기록이 있다. 앙리 4세가 왕이 되기 전에 하룻밤 만에 콧수염이 하얘졌다는 일화도 있다. 사람의 털이 하얗게 세는 현상은 프랑스에 국한된 것도, 왕족에게 국한된 것도 아니다. 예를 들어 영국의 철학자이자 정치가 토머스 모

"사람의 털이 하얗게 세는 현상은 프랑스에 국한된 것도, 왕족에게 국한된 것도 아니다."

어는 1535년 사형당하기 전날 밤 수염과 머리카락이 하얗게 셌다고 한다. 영국 극작가 셰익스피어의 희곡 「헨리 4세」의 한 인물은 이렇게 말한다. "이 소식들 때문에 자네 아버지 수염이 하얗게 셌군." 세월이 조금 흐른 뒤에 월터 스콧 경은 서사시 「마미온」에 이 현상이 정확히 어떤 상황에서 일어나는지를 밝혔다. "공포는 시간을 빨리 흐르게 하여 단 하룻밤 만에 우리 머리카락을 하얗게 만들어버린다."

엄청난 스트레스를 받았을 때 머리카락과 털에서 색소가 빠져나가는, 이 엉뚱하지만 놀랍고 신비로운 현상에 과학이 관심을 보이지 않을 수 없었다. 1851년 스밀리(E.R. Smilie)라는 사람은 여러 관련 사례를 조사하여 『보스턴 의학 및 외과학 저널(Boston Medical and Surgical Journal)』에 편지를 보냈다. 어느 미성년 환자가 채혈 치료를 받고 잠들었다가 깨어난 순간 간이침대 발치에서 회색곰이 자신의 붕대에서 흘러나오는 피를 핥고 있는 것을 보고 기겁했다. 다음날 어린 병자의 머리카락은 순백색으로 변해 있었다.

지난 10년 사이에 과학은 날로 정밀해지고 있고, 과학자들은 이런 머리카락 이야기에 점점 의혹의 시선을 보내고 있지만, 마리 앙투아네트 증후군 자체를 부정할 정도는 아니다. 1972년 미국의 어느 피부학자는 역사적인 주요 사례를 자세히 검토하여 「머리카락이 갑자기 희어지는 현상」이라는 논문을 발표했다. 2008년에는 영국 연구자들이 같은 주제를 다룬 논문을 『왕립의학저널(Journal of the Royal Society of Medicine)』에 발표했다. 논문 제목은 1972년 논문의 제목과 반쯤 비슷하면서도 약간의 회의주의 시각을 가미한 「머리카락이 급작스럽게 희어지는 현상: 역사 속의 허구인가?」였다. 수백 년이 흐르는 사이에 인류는 이 문제를 단순히 기록하는 수준에서 출발해서 그 원인을 연구하는 지경에까지 이르렀다. 이 현상이 사실이라고 가정할 때 그럴듯한 두 가지 가설이 있다. 마리 앙투아네트도 토머스 모어도 감옥에 갇혀 염색약을 구할 수 없었기에 시간이 흐르면서 원래 머리카락 색깔이 다시 나타났을 수 있다. 또는 군데군데 원형탈모가 일어나면서 색소가 남았던 머리카락이 갑자기 빠져버리고 흰 머리카락만 남았을 수도 있다. 그나마 남은 흰머리도 곧 빠져버렸겠지만…

1) Jelinek JE. Sudden whitening of the hair. Bull N Y Acad Med. 1972;48(8):1003–1013.
2) Skellett et al. Sudden whitening of the hair: an historical fiction? J R Soc Med. 2008;101(12):574–576.

# 34. 화장실에서 책을 읽는 것이 건강에 좋을까?

우주의 끝이든, 나이트클럽이든, 어떤 장소도 과학의 감시망을 벗어나지 못한다. 화장실도 예외가 아니다. 왕은 자신이 화장실에 혼자 간다고 생각했지만, 과학자들은 그를 따라갔다. 그렇게 해서 배변 습관의 다양한 측면을 탐구하고, 배변 습관이 변비나 치질 같은 건강 문제에 미치는 영향을 연구했다. 그러나 배변 습관 가운데 오래도록 과학계의 주목을 받지 못했던 것이 하나 있으니, 그것은 바로 화장실에서 책 읽는 습관이다. 1989년 이 문제에 관한 짧은 논쟁이 유명 의학학술지 『란셋(Lancet)』에 실렸다. 한 논문은 독서가 힘주는 데 방해가 된다고 주장했다. 지성은 일차적으로 육체적 행위를 간섭해서는 안 된다. 식탁에서나 화장실에서나 사랑을 나눌 때나 축구시합을 할 때는 책을 읽지 말아야 한다. 다른 논문은 여기에 반대 의견을 펼쳤다.

2009년 『신경위장병학 및 운동성 저널(Neurogastroenterology and Motility)』에 논문을 발표한 이스라엘 연구자들이 진상을 파악하려고 나섰다. 의사 여섯 명으로 구성된 연구팀은 이스라엘 인구를 대표하는 표본으로 500명가량의 성인에게 설문지를 보냈다. 그들이 화장실에서 책을 읽는지, 변기 위에서 보내는 시간이 얼마나 되는지, 화장실에 몇 번이나 가는지, 소화가 잘되는지, 항문 건강 상태가 어떤지, 평소 대변이 '브리스틀 대변 등급' 가운데 어디에 속하는지 물었다. 브리스틀 대변 등급은 작은 돌덩어리 형태의 변에서 모양이 잘 잡힌 변을 거쳐 멀건 수프 상태에 이르기까지 장이 생산한 물체의 형태와 농도를 평가하여 1부터 7까지 등급을 매긴다.

"변기 위 독서광의 전형적 모습은 대학을 졸업한 젊은 평신도 남성이었다."

이 연구에서 약간 특이했던 점은… 결과가 극도로 평범했다는 사실이다. 응답자 대부분이 화장실을 서재로 여기고 있었다. 변기 위 독서광의 전형적인 모습은 대학을 졸업한 젊은 평신도 남성이었다. 반면에 여성, 노인, 농부, 노동자, 광신도 들은 화장실에서 책 읽는 경향이 덜했다. 하지만 이것은 그저 독서 인구 분포를 평범하게 반영했을 뿐이지 않은가. '변기 위에서 책을 읽는 것이 건강에 좋을까?'라는 의문으로 돌아가면 이 연구의 결론은 "건강에 좋지도 않고 나쁘지도 않다."로 나버린다. 화장실에서 책 읽는 사람은 변비를 약간 덜 앓았고, 치질을 약간 더 앓았다. 독서가 긴장을 이완한다는 가설을 내세우며 변비 환자들에게 프루스트나 조이스의 긴 소설을 처방하고 싶었을 논문 저자들에게는 안된 일이지만, 모든 측면에서 유의한 차이가 없었다.

그들은 책이나 신문이 변비나 치질을 치료하는 효과는 없고, 오직 시간 보내는 용도로만 쓸모가 있다는 결론을 내려야 했다. 그들의 결론은 체스터필드 경의 생각과 통했다. 체스터필드 경은 『아들에게 보

음... 그쪽 때문에
집중이 잘 안 돼요...

낸 서신』에서 한 신사를 묘사했다. "시간 관리를 매우 잘해서 자연의 부름에 응답하느라 뒷간에서 보내야 하는 짧은 시간조차 그냥 흘려보내려 하지 않고, 그 시간에 고대 로마 시인들의 작품을 조금씩 읽어 모두 섭렵했단다. 예를 들어 그는 호라티우스 보급판 시집을 사서 몇 장씩 찢어내어 뒷간에 가져갔고 그것을 읽고 나서 변기에 넣어 하수구의 여신에게 제물로 바쳤다. 이렇게 하면 시간을 상당히 절약할 수 있으니, 너도 그를 본받기 바란다. 그 순간에 어쩔 수 없이 해야 하는 일만 하는 것보다 훨씬 낫다."고 말이다.

이 배설 문학을 끝까지 읽어준 독자에게 감사를 표한다. 변기 물 내리기를 잊지 마시길.

Goldstein et al. Toilet reading habits in Israeli adults. Neurogastroenterol Motil. 2009;21(3):291-5.

# 35. 사랑을 나누다가 죽은 파리

동물은 짝짓기하는 동안 포식자에게 잡아먹힐 위험이 커지는가? 이것은 생물학 분야의 중대한 의문인데, 아직 답이 나오지 않았다. 과학자들은 이 가설이 옳을 것으로 예견한다. 짝짓기하는 동물에 세 가지 약점이 누적되기 때문이다. 행위에 집중하느라 주변에 대한 경계가 느슨해지고, 두 마리가 붙어 있으면 혼자 있을 때보다 눈에 잘 띄며, 일단 수컷이 암컷 위에 올라가면 포식자로부터 도망치는 모든 방법의 효율이 뚝 떨어진다… 이론적인 논의는 이렇다. 하지만 가설을 입증하려면 구체적 증명 사례가 필요하다.

독일 과학자들은 파리와 나테레박쥐 사이의 수수께끼를 풀면서 이 가설을 확인한 논문을 학술지 『최신 생물학(Current Biology)』 2012년 7월호에 발표했다. 파리를 모르는 사람은 없지만, 나테레박쥐에 관해서는 설명이 필요하다. 나테레박쥐는 유럽에 서식하고 곤충을 주로 먹는 작은 박쥐로 체중이 1그램도 되지 않는다. 우리는 나테레박쥐가 가장 좋아하는 먹이가 파리라는 사실은 알았지만, 여태껏 박쥐가 어떻게 파리의 위치를 포착하는지를 알지 못했다. 박쥐의 초음파 탐지법으로는 파리를 찾아낼 수 없는 것으로 드러났다. 가만히 있는 파리가 반사

젠장!

"파리가 기어 다니기만 한다면 아무런 위험이 없다. 그런데 문제는 파리가 짝짓기도 한다는 것이다."

한 초음파의 미약한 메아리는 박쥐가 느끼기에 기생충이 반사한 메아리 수준이기 때문이다. 파리가 기어서 이동할 때 박쥐는 파리를 공격하지 않았다. 독일 과학자들은 외양간에 박쥐를 넣고 적외선 카메라를 설치하여 증거를 확보했다. 그리고 4년에 걸쳐 모두 13일 밤 동안 천장을 기어가는 파리 8,986마리를 셌는데(과학자는 정확성을 추구해야 하고 인내심이 강해야 한다), 박쥐들은 그 가운데 단 한 마리도 표적으로 삼지 않았다.

파리가 기어 다니기만 한다면 아무런 위험이 없다. 그런데 문제는 파리가 짝짓기도 한다는 것이다. 연구 결과 짝짓기 중인 파리 스무 쌍 가운데 한 쌍을 박쥐가 덮쳤다. 박쥐가 덮친 파리 커플의 거의 60퍼센트가 쌍으로 잡아먹혔다. 대단히 정확하고 효율적이었다. 이제 남은 과제는 짝짓는 파리를 어떻게 포착했는지를 파악하는 일이었다. 먼저 파리 두 마리의 몸집이 합쳐져서 초음파로 탐지하기 쉬워진 것인지 알아보기 위해 실험자들은 죽은 파리 35쌍을 짝짓기 자세로 배열해놓고 기다렸다. 이 작업을 하면서 실험자들은 저녁 식사 시간에 식구들에게 그날의 연구에 대해 무슨 말을 해야 하나 고민했을지도 모른다. 하지만 아무 일도 일어나지 않았고 의문은 깊어져만 갔다.

그러다가 생물학자들은 파리 수컷이 암컷 위에 올라탄 뒤에 날개를 쳐서 매우 독특한 소리를 연달아 낸다는 사실을 알아차렸다. 이 소리는 인간의 귀에 3초 이내의 작은 '붕붕' 소리로 들린다. "아이 좋아! 좋아! 좋아!"라고 쾌락의 신음을 내지르는 시간이다. 수컷이 내는 소리가 실제로 박쥐의 공격을 유발하는지를 확인하려고 생물학자들은 그 소리를 녹음하여 외양간 안에서 재생했다. 박쥐는 확성기 둘레를 파닥거리고 날아다니며 확성기를 자세히 살피고 확성기 일부를 떼어내려는 몸짓까지 했다. 이 실험이 끝난 뒤에 박쥐들은 날아가는 파리에는 전혀 관심을 보이지 않고 오직 짝짓기하는 파리의 붕붕 소리에만 반응했다.

우리는 타인의 정사를 엿보며 흥분하는 관음증에 대해서는 익히 알고 있다. 그런데 타인의 정사를 엿듣는 변태성욕도 존재한다. 파리는 사랑을 나눌 때 소리를 내지 말지어다.

Siemers et al. Bats eavesdrop on the sound of copulating flies. Curr Biol. 2012;22(14):R563-4.

# 36. 기혼자들은 금을 뿌리고 다닌다

게오르크 슈타인하우저(Georg Steinhauser)는 정도(正道)를 지키는 사람이다. 아니, 그 이상이라고 볼 수 있다. 이 젊은 오스트리아 화학자는 2006년 문제 상황에 봉착했다. 그가 동료들과 분석하던 극도로 민감한 표본이 너무 자주 금으로 오염되었던 것이다. 슈타인하우저는 이 귀금속 입자가 어디서 오는지를 생각해 냈다. 바로 화학자들의 손에서 오는 것이었다. 손에 낀 결혼반지가 그것이 상징하는 결혼 생활과 마찬가지로 시간이 흐름에 따른 훼손에 굴복하고 삶에 압도되어 아주 작은 파편으로 돌이킬 수 없이 떨어져 나온 것이다...

과학은 곧 희생이므로, 게오르크 슈타인하우저는 이 가설을 입증하려고 일단 결혼부터 했다. 아니, 정치적으로 타당하게 말하자면, 그는 베로니카라는 여성과의 백년해로를 이용하여 자신의 결혼반지로 장기 실험을 하기로 했다. 슈타인하우저는 2008년 학술지 『금 회보(Gold Bulletin)』에 발표한 논문에서 실험 절차를 설명했다. 실험을 시작할 때, 그러니까 처음으로 그가 손가락에 반지를 끼웠을 때 반지의 무게는 정확히 5.58387그램이었다. 그 금반지는 18캐럿이었고, 반지에서 작은 표본을 취해서 검사하여 이를 확인했다(보석상 여러분은 화학자에게 절대 사기 칠 생각하지 마시라). 그러고 나서 오른손잡이인 슈타인하우저는 오스트리아 전통에 따라 결혼반지를 오른손에 끼었다. 밤에 자는 동안에는 반지가 침대 시트에 닿아서 닳지 않도록 반지를 빼고 잤다.

"그는 시간이 지나면서 금의 질량이 얼마나 줄어드는지를 계산하기 위해 일 년 동안 일주일에 한 번씩 반지의 무게를 쟀다."

그는 시간이 지나면서 금의 질량이 얼마나 줄어드는지를 계산하기 위해 일 년 동안 일주일에 한 번씩 반지의 무게를 쟀다. 기름기나 비누 입자가 쌓여서 무게를 왜곡할 위험이 있었으므로 무게를 재기 전에 반지를 증류수에 세척하고 송풍 건조했다. 52주가 지나 결산할 시간이 왔다. 반지는 무게가 6.15밀리그램 줄어들었고 이는 $0.39mm^3$ 부피에 해당했다. 반지 굵기는 1밀리미터의 100분의 1만큼 줄어들었다.

슈타인하우저는 결혼 첫해에 일주일에 0.12밀리그램 손실이라는 평균치에서 벗어난 편차를 일으키는 활동이 무엇인지 알아보기 위해 자신이 매일 어떤 활동을 했는지를 일기에 기록했다. 그 결과 신혼여행에서 금이 가장 많이 줄어들었음을 알게 되었다. 밤에 분위기가 좋았기 때문만은 아니다. 젊은 슈타인하우저 부부는 몰타로 신혼여행을 갔는데 몰타 해변의 모래는 금속에 호의적인 환경이 아니었고 아무리 금이라도 사정은 마찬가지였다. 금반지는 스키 연습(장갑과 스키 폴대와의 마찰), 정원 일, 그리고 틀림없이 열렬한 박수 때문에 록 콘서트(화학자들은 취미가 참 별나다)에서도 평균보다 많이 손실되었다. 마지막으로 우리의 화학자는 실험실에서 잃은 금의 질량을 계산했는데 1밀리그램이나 되었다. 따라서 출근할 때 결혼반지를 끼지 않기로 했고, 동료들에게도 반지를 끼지 말라고 권했다.

논문의 결론에서 슈타인하우저는 호기심을 못 이겨 또 하나의 계산을 해 보았다. 빈과 같은 대도시에는 30만 명 이상의 부부가 살고 있고 그 가운데 약 60퍼센트가 18캐럿 금으로 된 결혼반지를 끼고 있으므로, 매년 2.2킬로그램 이상의 금이 먼지와 건조기의 보풀에 섞여 바닥에서 뒹굴고 있다. 현재 금 시세로 거의 10만 유로에 달하는 양이다. 구두쇠들은 빗자루를 들라!

Steinhauser G. Quantification of the abrasive wear of a gold wedding ring. Gold Bulletin. 2008;41(1):51-57.

# 37. 천국과 지옥, 어디가 더 더울까?

물리학자에게도 영혼은 딱 하나밖에 없다. 따라서 저승에서 어떤 일이 기다리고 있을지 궁금해진다. 천국 생활은 정말로 우리가 생각하는 대로 달콤할까? 지옥에 떨어지면 정말로 불에 탈까? 저승에 갔다가 돌아온 사람들의 증언은 별다른 결론을 내지 못했다. 어쩌면 물리학 법칙을 사용하여 죽은 뒤에 우리에게 주어지는 두 장소의 온도를 계산해 보는 것이 나을지도 모른다. 바로 그런 계산이 어느 익명 과학자가 1972년 학술지 『응용광학(Applied Optics)』에 투고한 유명한 논문에 들어 있었다.

저자는 객관적 지표를 모으기 위해 이 주제를 다룬 가장 우수한 출처인 『성경』에 의지했다. 그는 「이사야서」에서 천국의 대기 환경을 묘사한 문단을 찾았다. 그의 해석으로는, 천국에 비치는 달빛은 지구에 비치는 태양 빛만큼 강하고, 천국에 내리쬐는 태양 빛은 지구에 내리쬐는 태양 빛보다 49배 더 강하다. 그 결과 천국은 지구와 비교하여 총 복사량이 50배나 된다. 슈테판-볼츠만 법칙으로 계산해 보니 천국의 온도는 섭씨 525도나 되었다! 천사들의 날개는 보나 마나 활활 불타오르고 있을 것이다.

여어! 장-륔!
장례식은 어땠어?
꼬치 하나
드실라우?
썬크림
350

> "계산해 보니 천국의 온도는 섭씨 525도나 되었다! 천사들의 날개는 보나 마나 활활 불타오르고 있을 것이다."

그러면 지옥은 어떨까? 「요한묵시록」에는 비겁자, 이교도, 거짓말쟁이, 악당, 살인자, 부도덕한 사람, 주술사, 우상 숭배자가 죽어서 가는 곳은 "불타는 유황 연못으로 그것이 두 번째 죽음"이라고 나온다. 그런데 과학이 밝힌 유황의 끓는점은 섭씨 444.61도다. 온도가 더 올라가면 황이 기체가 된다. 따라서 지옥이 천국보다 덜 뜨겁다는 결론이 도출된다!

이 발견은 1972년에 큰 논란을 일으켰지만 몇 년이 흐르면서 익명의 과학자가 계산 실수를 했다는 사실이 밝혀졌다. 첫 번째로 정정된 결과는 1979년 엉뚱한 과학 연구를 다루는 『재현 불가능한 연구결과 저널(Journal of Irreproducible Results)』에 실렸다. 이 논문은 물질의 끓는점이 대기압에 따라 달라진다는 사실을 지적했다. 그런데 성서에 묘사된 지옥은 부피가 한정된 공간이다. 세상이 창조된 이래로 지옥에 무수한 죄인이 모여들었을 것이므로 오래전부터 어마어마한 압력이 유지되었을 것으로 추정된다. 여기 소개하기에는 분량이 너무 긴 계산을 해본 결과, 지옥의 압력은 지구 대기압의 145억 배로 추정된다. 이 무시무시한 환경에서 황은 섭씨 525도를 훌쩍 넘어서까지 액체 상태를 유지한다. 이제 우리는 죽은 뒤에 방문하기에 지옥이 천국보다 더 나쁜 곳이라는 상식을 되찾았다.

두 번째로 천국의 온도가 정정되었다. 1998년 과학 잡지 『오늘의 물리학(Physics Today)』에서 스페인 과학자 두 명은 『응용광학』에 실렸던 논문의 「이사야서」 해석이 틀렸고 성 베드로가 거주하는 천국이 받는 복사량이 지구의 50배가 아니라 8배라고 설명했다. 이들 덕분에 천상의 예루살렘 기온은 섭씨 231도라는 사실을 확인할 수 있었다. 그 정도면 액체 황으로 목욕하는 데에도 문제가 없는 더위다(기압이 지구의 대기압과 비슷하다는 전제하에...).

위의 연구 결과를 보고 우리는 천국의 온도가 약속된 만큼 매력적이지 않다는 사실을 알게 된다. 친애하는 물리학자들이여, 우리를 위해 연옥의 온도를 계산해 주지 않겠는가?

1) Anon. Heaven is Hotter than Hell. Appl Optics. 1972;11(8):A14
2) Healey T. A Refutation of the Proof that Heaven is Hotter than Hell. J Irreproduc Results. 1979;25(4):17-18.
3) Pérez JM, Viña J. Physics, Bible Used to Reexamine if Heaven Is Hotter than Hell. Phys Today. 1998;51(7):96.

# 38. 비행기 빨리 타는 법

“좌석 번호 18열에서 24열 사이의 승객부터 탑승을 시작하겠습니다.”

좌석 배정에 운이 없는 당신은 항공기 안쪽 깊숙한 곳에 있는 좌석을 배정받았다. 일단 기내로 들어가서 좌석을 향해 걸어가지만, 곧바로 길이 막힌다. 중앙 통로에는 필시 키가 당신 허리에까지밖에 오지 않는 중년 부인이 목공 일을 하는 사촌에게 가져다줄 모루가 든 육중한 여행 가방을 좌석 위 짐칸에 넣으려고 안간힘을 쓰며 당당히 자리 잡고 서 있다. 당신은 이 여인이 일을 끝낼 때까지 속수무책으로 통로에서 기다리거나 최악의 상황에서는 그녀를 도와야 한다. 당신 뒤로 승객들이 꼬리에 꼬리를 물고 줄을 선다. 마침내 여인은 가운데 좌석에 털썩 주저앉고, 바로 그 순간 당신은 그녀의 옆자리 창가 좌석에 앉아야 한다는 사실을 깨닫는다.

이 불쌍한 여인을 골탕먹일 궁리를 하기보다는 블록으로 나누어 비행기에 탑승하는 체계를 발명한 사람에게 불만을 표시해야 하리라. 미국인 제이슨 스테픈(Jason Steffen)이 2011년 8월 「아카이브(arXiv.org)」[11]에 공개하고 나서 2012년 『항공운송관리 저널(Journal of Air Transport Management)』에도 소개한 실험이 바로 그런 차원에서 이루어졌다.

지젤, "모두가 동시에 마음 내키는 대로 행동해도 된다."는 옵션은 빼야겠네.

세계적 명성이 있는 페르미 미국국립 가속기연구소[12]의 천체물리학자 스테픈은 2008년부터 틈만 나면 비행기에 승객을 태우는 방법을 연구하는 데 열중했다. 이 문제에 그가 그토록 열정을 보인 것을 보면 비행기 승무원이 되는 것이 그에게는 평생의 꿈이었는지도 모른다. 어쨌든 그는 승객들을 기내에 탑승시키는 새로운 방법을 발견했다. 자신이 개발한 방법을 당시 항공사들이 일반적으로 적용하고 있던 방법과 비교하기 위해 그는 먼저 할리우드 영화 촬영에 사용하는 비행기 동체 세트를 구했다. 안에는 각각 여섯 개의 좌석이 열두 줄 배열되어 있었다. 이 실험에는 무기를 소지하지 않고 여행 가방을 든 72명의 지원자가 참여했다.

"현재 대부분 항공사에서 적용하는 블록 방식이 시간이 가장 오래 걸렸다."

이 가짜 승객들은 다섯 종류의 가짜 표를 받아서 다섯 가지 탑승 방법을 시험했다.

1) 승객들이 블록으로 나뉘어 착석하는 방식.

2) 맨 뒷줄에서부터 맨 앞줄까지 창가 좌석, 중간 좌석, 통로 좌석의 순서로 착석하는 역피라미드 방식.

3) 창가 좌석부터 모두 채우고 난 다음에 중간 좌석, 통로 좌석의 순서로 채우는 윌마(WilMa) 방식.

11. 과학 분야의 출판 전 논문을 수집하는 웹사이트.
12. 페르미 미국 국립 가속기 연구소(Fermilab)는 미국에서 가장 크고 전 세계에서 두 번째로 큰 규모의 입자 가속기를 보유한 물리학 연구소다.

4) 순서 없이 임의대로 착석하는 방식.

5) 역피라미드 방식과 윌마 방식을 혼합한 스테픈 방식. 좌측 짝수 열 창가 좌석 승객들이 먼저 들어간다. 이들은 한 줄씩 서로 떨어져 있으므로 가방을 정리하는 등 움직일 공간이 충분하다. 그다음에는 승객들이 우측 짝수 열 창가 좌석, 좌측 홀수 열 창가 좌석, 우측 홀수 열 창가 좌석, 좌측 짝수 열 중간 좌석 등의 순서로 착석한다. 이렇게 순서를 정하는 목적은 승객끼리 서로 거치적거리지 않게 하는 데 있다.

승객들이 각각의 방식으로 탑승하는 데 걸리는 시간을 스톱워치로 재보니 현재 대부분 항공사에서 적용하는 블록 방식이 시간이 가장 오래 걸렸다. 순서 없이 탑승하는 방식이 오히려 더 효율적이었다. 반면에 스테픈 방식이 가장 빨랐다. 탑승 게이트에서 승객을 분류하는 시간을 포함해도 결과는 마찬가지였다. 승객들이 72석 작은 비행기에 스테픈 방식으로 탑승하면 블록 방식보다 3분 16초 덜 걸린다. 그렇다면 3분 16초를 절약하기 위해 그렇게 복잡한 탑승 방식을 택해야 할까? 이 질문에 대한 답은 통계 수치가 대신한다. 2010년에만 3천만 대의 민간 항공기가 하늘을 가로질렀다. 이륙장에 머무는 시간이 1분 늘어날 때마다 비행기 한 대당 소모되는 비용이 30달러 늘어나므로, 모든 비행기의 3분 16초를 연간 비용으로 환산하면 무려 30억 달러에 달한다.

Steffen JH, Hotchkiss J. Experimental test of airplane boarding methods. J Air Transport Management. 2012;18(1):64-67.

# 39. 초전도계의 스타 보졸레

2011년 물리학계는 초전도체 발견 백 주년을 기념했다. 초전도체란 전기저항이 0인 상태에서 전류가 흐르는 놀라운 성질이 있는 물질이다. 우리는 초전도 현상을 이용하여 언젠가 전기를 전혀 손실 없이 운반할 수 있으리라고 기대한다. 그러니 초전도체가 산업체의 주목을 받는 것은 당연한 일이다. 하지만 초전도성은 섭씨 영하 200도 이하의 극도로 낮은 온도에서만 나타난다. 전 세계 여러 실험실에서 되도록 덜 낮은 온도에서 초전도성을 보이는 물질을 찾고 있다. 몇몇 일본 과학자들은 아마도 백 주년을 축하하는 의미에서 합금을 술에 푹 절이면 초전도성이 활성화되는지를 실험하는, 남들이 가지 않은 길을 탐색했다. 2011년 학술지 『초전도 과학과 기술(Superconductor Science and Technology)』에 실린 논문에서 저자들은 유감스럽게도 이 엉뚱한 과학 연구에 착수하기 전에 그들이 술을 몇 병이나 마셨는지는 공개하지 않았다.

자, 이제 실험 절차를 자세히 알아보자. 연구자들은 먼저 철, 텔루르, 황을 혼합한 작은 알갱이들을 만들고, 섭씨 70도에서 48시간 동안 시중에서 판매하는 다양한 술에 담갔다. 알갱이들은 언뜻 봐도 여러 종류의 술을 갖추고 있는 '실험실 술집'에서 맥주, 화이트와인, 레드와인, 위스

"레드와인 가운데서도 어떤 것이 초전도성을 가장 잘 유도하는지를 알아내야 했다."

키, 사케, 쌀이나 보리나 고구마를 원료로 증류한 소주 등을 모두 맛보았다. 과학자들은 또한 알코올 함량이 실험 결과에 큰 영향을 미치는지를 판단하려는 목적으로 순수한 물과 순수한 에탄올, 그리고 물과 에탄올을 여러 비율로 혼합한 용액에도 알갱이들을 담갔다.

시음 결과는 놀라웠다. 저자들은 논문에 다음과 같이 썼다. "우리는 시중에서 판매하는 술을 데운 용액이 초전도성을 유도하는 데 순수한 물, 에탄올, 물과 에탄올의 혼합 용액보다 훨씬 더 효과적이라는 사실을 발견했다." 술들의 경쟁에서 레드와인이 1위를 차지했고 소주는 알코올 도수가 35도나 되는데도 꼴찌였던 것을 보면 알코올 농도가 높다고 해서 초전도성을 강하게 유발하는 것은 아니다. 그러나 일본 과학자들은 이 간단한 결론에 만족할 수 없었다. 레드와인 가운데서도 어떤 것이 초전도성을 가장 잘 유도하는지를 알아내야 했다.

이제 두 번째 실험으로 들어갔다. 이번에는 실험에 사용할 술을 질 낮은 싸구려 레드와인으로 정했다. 연구자들은 품종이 각기 다른 여섯 가지 와인(프랑스산 네 가지, 이탈리아산 한 가지, 일본산 한 가지)으로 실험하여 결과를 「아카이브(arXiv.org)」에 공개했다. 초전도성을 활성화하는 성분은 타타르산이었고, 실험 결과 금메달을 차지한 술은 프랑스산 보졸레였다! 비록 전선을 포도주에 담그는 일에는 훨씬 못 미치지만, 이 실험은 포도 재배자들에게 생각지도 못했던 새로운 관점을 열어 주었다. 괴짜 과학자들이 계속해서 이 문제에 관여한다면, 포도 재배자들은 와인을 마시기 위해 포도를 재배할 것인지, 초전도성을 유도하기 위해 포도를 재배할 것인지, 조만간 한쪽을 택해야 할 것이다.

1) Deguchi et al. Alcoholic beverages induce superconductivity in $FeTe_{1-x}S_x$. Supercond Sci Technol. 2011;24(5):055008.

2) Deguchi et al. Tartaric acid in red wine as one of the key factors to induce superconductivity in $FeTe_{0.8}S_{0.2}$. 2012. arXiv:1203.4503 [cond-mat.supr-con]

# 40. 뒤퐁 씨와 뒤퐁 씨가 같은 길을 빙빙 돈 이유

벨기에 만화가 에르제의 『검은 황금의 나라』에서 쌍둥이처럼 닮은 두 경찰관 뒤퐁 씨와 뒤퐁 씨는 땡땡을 찾으러 사막으로 떠난다. 길에서 며칠을 보내고 길을 잃은 그들은 마침내 발견한 자동차 바퀴 자국을 따라간다. 그들 자신의 자동차가 낸 자국임을 알아차리지 못하고… 두 경찰관은 『달나라에 간 땡땡』에서도 똑같은 곤경에 처한다. 그들은 달 위에서 깡충깡충 뛰다가 두 줄로 나란히 찍힌 발자국을 발견하자, 그것이 자기들 발자국인 줄도 모르고 따라간다… 톨스토이가 단편 「주인과 하인」에서 폭설에 갇힌 주인공을 맴돌게 했던 것처럼 에르제도 길을 잃은 사람이 자신도 모르는 사이에 걸던 길로 되돌아간다는 속설에 힘을 실었다.

그동안 침묵하고 있던 과학은 2009년 독일 텔레비전 방송국의 초청을 받은 과학자들이 이 믿음에 과연 근거가 있는지를 확인하기로 하면서 이 문제에 개입하게 되었다. 연구자들은 낯선 곳에서 인간이 직선 방향으로 걸어가는 능력을 알아보기 위해 실험 장소로 독일의 울창한 숲과 사하라 사막이라는 정반대되는 두 환경을 선택했다. 피험자는 실험자들이 처음에 정해준 방향에서 벗어나지 않으려고 애쓰면서 몇 시간을 내리 걸었고, 그가 걷는 경로는 인공위성 위치 측정계를 이용하여 기록되었다.

이 실험의 첫 번째 교훈은 인간은 해가 시야에 들어오는 한 별다른 문제 없이 직선 경로로 나아간다는 사실이다. 하지만 해가 구름 뒤에 숨거나 지고 나면 홀로 걸어가는 사람이 그리는 경로는 흐트러지고, 휘어지고, 마구 오락가락한다.

나침반 구실을 하는 태양이 풍경에서 사라지면 왜 보행자의 경로가 달라지는 것일까?

숲에서 진행했던 여섯 번의 실험 중 날이 흐렸던 네 번은 경로가 구불구불했다. 피험자 가운데 세 명은 실제로 자신도 모르게 같은 길을 빙빙 돌았다. 용감하게도 한밤중에 사하라 사막에서 걸은 유일한 피험자는 달이 보일 때는 직선 경로를 유지했으나 달이 사라지자 전혀 의식하지 못한 채 완벽하게 반 바퀴를 돌았다.

나침반 구실을 하는 태양이 풍경에서 사라지면 왜 보행자의 경로가 달라지는 것일까? 이 연구의 두 번째 교훈은 왼발잡이 여부, 두 다리의 길이나 근력이 서로 다른 것과 같은 신체 비대칭이 보행자가 직선 경로에서 이탈하는 현상과 아무런 상관관계가 없다는 사실이다. 신체 비대칭이 영향을 미칠 가능성을 배제하기 위해 논문 저자들은 나무가 없는 땅에서 눈을 가린 채 15분 동안 앞으로 걸어가는 두 번째 실험을 했다. 불과 몇십 미터만 지나도 각 피험자의 경로는 완전히 혼란에 빠졌고, 피험자가 걸어간 곡선과 그의 신체 비대칭 사이에 어떤 상관관계도 찾을 수 없었다.

사람이 시각적 또는 청각적 좌표가 없을 때 왜 원을 그리며 빙빙 도는지를 설명하는 가장 유력한 가설로 저자들은 신체 내 이동 제어 체계에 정보가 빠르게 축적되고 포화 상태가 되어 더는 상황에 대처할 수 없게 된다는 가설을 꼽았다. 하지만 이것도 가설에 지나지 않는다. 논문에 언급되었듯이 고도로 정확한 위치 측정계가 비행기, 자동차,

휴대폰 등 곳곳에 널려 있는 시대에 인간의 방향 감각이 어떻게 작동하는지를 우리가 거의 모르고 있다는 사실은 참으로 아이러니하다고 말할 수밖에 없다.

Souman et al. Walking straight into circles. Curr Biol. 2009;19(18):1538-42.

# 41. 화성식 축구 경기

우리의 운명은 말할 것도 없이 인류의 요람인 지구를 떠나는 것이다. 인류는 떠날 때 틀림없이 문명의 보배들을 가져가고 싶어 할 것이고, 그 1순위는 스포츠일 것이다… 1971년 미국 우주비행사 앨런 셰퍼드가 달에서 골프채를 몇 번 휘두름으로써 우주로의 스포츠 전파의 길을 열어주었다. 우주복이 골프에 적합하게 설계되지 않아서 한 손으로 골프를 쳐야 했지만 말이다. 그런데 수백 년 뒤에 우리의 후손이 화성을 정복하여 식민지로 삼을 때 몹시 걱정되는 문제가 하나 있다. 과연 화성에서 축구를 할 수 있을까?

2010년 『물리학 특수주제 저널(Journal of Physics Special Topics)』에 실린 논문에서 이 주제를 다룬 것을 보면 이 의문이 그렇게 엉뚱한 것은 아닐 것이다. 축구는 영국에서 발명되었으므로 화성의 자연환경에서 축구를 할 수 있느냐는 문제를 레스터 대학의 영국 과학자 세 명이 맡은 것은 당연한 일이다. 화성에서 우아하게 공을 차고 싶어 하는 사람들이 염두에 두어야 할 지구와 화성의 근본적 차이점 두 가지가 있다. 먼저 화성은 지구보다 질량이 한참 작아서 중력도 작다. 지구 중력가속도의 최저치는 9.81m/s$^2$인데 화성의 중력가속도는 3.71m/s$^2$이다.

존,
그 초강력
헤딩은
좋은 생각이
아니었어!

"계산 결과 지구의 경기장에서 찬 50미터의 강력 슛이 화성의 경기장에서는 200미터 이상 나아간다."

이것은 둥근 물체를 이리저리 움직여야 하는 스포츠에 상당한 문제가 될 수 있는 요인이다.

두 번째 차이점은 대기와 관련이 있다. 기온이 낮고 산소가 거의 없어서 선수들의 피부가 보온우주복 기능을 갖추는 방향으로 진화해야 한다는 점을 제외하더라도, 화성은 지구보다 공기가 희박하다는 결함이 있다. 이 사실은 선수에게 지대한 영향을 미친다. 더 정확하게 말하자면 화성에서는 공기 저항이 매우 약하다. 계산 결과 지구의 경기장에서 찬 50미터의 강력 슛이 화성의 경기장에서는 200미터 이상 나아간다. 이는 지구의 축구 경기장 길이의 두 배에 달한다! 갑자기 골키퍼가 골을 방어할 가능성이 말끔히 사라진다. 대신에 축구공 예술가들, 특히 회전의 교묘한 효과를 이용하여 완만한 커브 슛을 차는 공격수들은 깊이 실망할 것이다. 공기 저항이 없으면 미래의 플라티니[13]를 꿈꾸는 선수들, 다시 말해 공에 스핀을 걸어 차는 프리킥의 명수들은 재주를 잃게 된다. 그럼에도 논문 저자들은 내부 공기를 지구 대기와 같게 조성한 밀폐된 경기장에서 경기함으로써 중력을 제외한 대부분 문제가 해결된다고 주장했다.

우리는 『물리학 특수주제 저널』이 진지한 학술지라기보다 학생들이 과학 논문 쓰기를 연습하는, 레스터 대학에서 펴내는 잡지라는 사실

13. 미셸 플라티니는 과거에 유명한 프랑스 축구선수였으며 현재 유럽축구연맹(UEFA) 회장이다.

을 정직하게 밝힐 의무가 있다. 그렇기는 하지만 이 잡지도 진짜 학술지처럼 제출된 논문을 심사하고 그 내용과 참고 문헌을 확인하는 심사위원회가 있다. 이 잡지는 창의성과 유머를 제한하지 않으므로 엉뚱한 과학 실험을 찾아다니는 나로서는 이 잡지를 뒤져 좋은 소재들을 찾아내고 싶다는 유혹을 느낀다…

Meredith et al. Association Football on Mars. J Phys Spec Topics. 2010;9(1).

# 42. 분필과 칠판의 위험성

개학이다… 이제 학생과 교사들은 다시금 분필과 칠판을 마주하게 된다. 그런데 잠깐, 서두르지 말자! 교육에 사용하는 도구가 건강을 해치지는 않을까? 괴짜 과학자들은 분필과 칠판으로 무슨 실험을 할 수 있을까? 분필이 이따금 내는 새된 마찰음이나 털을 곤두서게 하는 가학적 삐걱거림이 장기적으로 신경계에 미치는 영향을 연구할 수도 있을 것이다… 하지만 인도 연구자들이 학술지 『실내환경과 건축환경(Indoor and Built Environment)』 2012년 8월호에 발표한 논문은 그런 날카로운 소리와는 관련이 없었다. 공기 오염 전문가인 논문 저자 네 명은 훨씬 더 은밀하고 조용하고 눈에 잘 보이지 않는 분필 가루 문제를 다루었다.

분필은 원래 잘 부서진다. 교사가 손으로 분필을 누르는 힘에 따라 칠판 위로 잘 짓이겨지는 분필이 좋은 분필이다. 분필은 그 일부가 칠판에 달라붙지 못하고 교사의 손가락, 옷, 신발에 묻거나 바닥으로 떨어질 뿐만 아니라, 칠판에 묻은 부분도 헝겊이나 칠판지우개나 축축한 스펀지로 지워질 운명이다. 그 모든 분필 입자가 어디로 갈까? 우리는 이 질문을 반드시 심사숙고해야 한다. 분필 가루는 자극적이고 민감하고 고용량이며 천식 발작이나 기타 폐 질환을 유발할 수 있다. 바로 이 먼지 때문에 누군가가 입원하여 병가를 내고 노동조합이 들고 일어나며 학생들이 수업 거부 시위를 하고 새로운 68년 5월 혁명이 일어날지 누가 알겠는가?

"석회 분필을 쓰면 1,000분의 1밀리미터보다도 작은 아주 고운 가루가 나오지만, 칠판을 지운 후에 공기 중을 떠돌아다니는 분필 가루의 양은 극히 적은 것으로 드러났다."

학교의 공기 중에 분필 가루가 얼마나 있는지를 알아내기 위해 과학자들은 현장, 즉 교실에서 진행할 실험 계획을 공들여 세웠다. 실험 장소가 다른 물질로 오염되어 실험에 방해되지 않도록, 그리고 바닥에 이미 떨어진 분필 가루가 다시 떠올라 공기 중을 부유하지 않도록 교실을 여러 번 청소했다. 문과 창문을 모두 닫고 환풍기를 멈추고 세 종류의 분필로 실험했다. 분필 가운데 두 개는 석회, 한 개는 석고가 주재료였다. 편차를 최소화하기 위해 실험자 한 명이 처음부터 끝까지 실험을 혼자서 진행하게 했다. 실험자는 먼저 칠판에 한 문단의 글을 적었다. 각 분필로 똑같은 문단을 한 글자도 다르지 않게 적었다. 글을 적는 데 15분이 걸렸다. 그런 뒤에 같은 실험자가 분필로 적은 글을 지웠다. 글을 적기 전에, 그리고 글을 적었다가 지운 후에 측정계로 실내 공기에 존재하는 분필 가루의 양과 크기를 측정했다. 그리고 각 분필을 사용하기 전과 후에 분필의 무게를 쟀다. 칠판에 글을 적는 동안 아래로 떨어진 가루는 칠판 아래쪽 받침대와 바닥에 깔았던 커다란 종이에서 회수했다.

연구 결과 우리는 안심해도 된다. 석회 분필을 쓰면 1,000분의 1밀리미터보다도 작은 아주 고운 가루가 나오지만, 칠판을 지운 후에 공기 중을 떠돌아다니는 분필 가루의 양은 극히 적은 것으로 드러났다. 그렇긴 하지만 저자들은 칠판 바로 앞에 서서 계속 말해야 하는 교사에 대해서나 성인보다 폐가 더 약한 학생들에 대해서나 장기적 위험성을 판단하기 어렵다고 강조했다. 위험성을 최소화하기 위해 가루가 적게 날리는 분필을 고안하거나, 아니면 차라리 분필 대신 쉽게 지워지는 마커를 사용하기를 권했다(여기에는 마커의 잉크가 무독성이어야 한다는 단서가 붙는다…).

어떤 친구들은 벌써 오래전에 다른 해결책을 찾아냈다. 그들은 일부러 교실 맨 뒤에 앉아서 질문을 받아도 입을 열지 않는다. 이 열등생들은 건강을 지키는 방법에 통달한 것이다.

Majumdar et al. Assessment of Airborne Fine Particulate Matter and Particle Size Distribution in Settled Chalk Dust during Writing and Dusting Exercises in a Classroom. Indoor Built Environ. 2012;21(4):541-551.

# 43. 은하를 정복하러 가는 지구 생물체

지구에 생명체가 어떻게 나타났는지는 오늘날까지도 수수께끼로 남아 있다. 기원전 5세기에 고대 그리스 철학자 아낙사고라스는 생명의 씨앗이 우주에서 왔고, 지구 환경이 생명체 발달에 적합했다고 상상했다. 외계에서 생명의 씨앗이 왔다는 이 이론은 19세기에 부활했다. 이 이론을 지지한 사람들은 극단적 환경에서 서식하는 특정 세균이 초고온이나 초저온, 진공 상태, 전리방사선의 공격을 받는 환경에서 문제없이 살아가고, 이런 환경은 우주 공간과 비슷하므로 우주를 오랫동안 떠돌아다녀도 생존할 수 있다는 사실을 근거로 들었다.

그런데 이 이론을 뒤집어서 지구 생명체가 주변에 생명을 퍼뜨렸다는 가설을 세울 수 있다. 과연 어떻게 그럴 수 있었을까? 아득한 옛날, 푸른 행성 지구에 충돌하여 미생물로 가득한 흙과 암석과 바다로 이루어진 엄청난 부피의 덩어리를 우주로 날려 보낸 소행성 덕분이다. 지구에서는 달이나 화성에서 온 운석도 발견되므로, 달이나 화성에 지구의 생명체가 도달했을 수도 있다. 그럴 확률이 얼마나 될까?

교토 대학 물리학자들은 다소 엉뚱한 이 문제를 다룬 논문을 2010년 『우주론 저널(Journal of Cosmology)』에 실었다. 그들은 6,500만 년 전

"지구에서는 달이나 화성에서 온 운석도 발견되므로, 달이나 화성에 지구의 생명체가 도달했을 수도 있다."

에 친절하게도 지구에서 큰 공룡들을 제거해버리고 새의 조상만을 남겨둔 지름 10킬로미터의 소행성에 관심을 보였다. 이 거대한 바위 덩어리가 지구에 살아 있는 생명체의 5분의 1을 멸종시키면서, 동시에 지구 생명의 씨앗을 태양계 전체에 뿌리지는 않았을까? 이 질문에 일본 과학자들은 거침없이 "예."라고 대답한다.

이 과정에서 우주로 퍼져나간 물질은 모든 가능성을 고려해보면, 또는 적어도 계산해본 결과, 태양계의 여러 별에 도달했을 것이다. 고려된 여러 모형에서 확률은 각기 달랐지만, 모든 모형에서 지구의 파편이 달에 아주 많이 쌓였다는 결과가 나왔다. 비록 달은 지름이 작은 편이지만, 지구와 가까우므로 수억 개의 작은 파편이 달에 쌓였고 그 위에 또 수십억 개의 파편이 쌓였다. 화성도 이에 뒤지지 않는다. 이 연구에서 나온 수치를 신뢰한다면 훗날 언젠가 화성에서 발견되는 세균은 지구에서 옮겨 간 것일 확률이 높다. 땅속에 바다가 있으리라고 추정되는 목성의 위성 에우로파도 같은 방식으로 지구의 파편들을 보관하고 있을 것이 분명하다.

달, 화성, 에우로파... 그 너머 다른 곳은? 파편이 일단 빠른 속도로 출발하면, 아무것도 그것을 멈출 수 없다. 파편은 태양계를 벗어나 지구의 사절로서 다른 별들을 탐험한다. 일본 과학자들은 지구의 파편이 '글리제 581'이라는 별이 중심에 있는 항성계에까지 도달할 확률이 있는지를 알고 싶어 했다. 글리제 581 주위를 여러 행성이 공전하는데, 그 가운데 두 행성에서 생명체가 서식할 수 있는 것으로 추정된다. 확률은 극히 낮지만, 지구가 탄생한 이래로 수많은 거대 소행성이 지구에 충돌했으므로 확률이 전혀 없지는 않다. 지구의 생명체가 우리 은하 각지로 널리 퍼질 시간은 충분했기에 외계 생명체를 상정하는 일이 정신 나간 짓은 아니다. 일부 미확인비행물체(UFO) 연구가가 주장하기를 외계인들은 먼 사촌이 조상의 땅을 순례하러 오듯이 우리를 자주 방문한다고 한다...

Hara et al. Transfer of Life-Bearing Meteorites from Earth to Other Planets. J Cosmol. 2010;7:1731-1742.

# 44. 얼어붙은 암소를 폭파하는 법

일부 과학자는 암소가 지구 자기장에 따라 나란히 정렬하는 능력이 있다고 믿지만, 그렇다고 해서 암소가 방향 감각이 뛰어난 동물은 아니다. 암소가 방향 감각이 뛰어나지 않다는 최근 증거는 2011년에서 2012년으로 넘어가는 겨울에 로키 산맥에서 소 떼의 일부가 콜로라도의 알프스인 아스펜에서 멀지 않은 곳을 지나가다가 폭설 속에서 길을 잃은 사건이다. 불쌍한 암소들은 한파가 너무 심해 해발 3,400미터에 있는 산림관리인의 오두막으로 피신하려고 했으나 여섯 마리는 오두막집 안에서, 나머지는 밖에서 죽었다. 암소의 얼어붙은 사체는 2012년 3월 말에 발견되었다.

이 암소들을 처리하는 문제가 대두했다. 암소들이 동사한 곳은 자연보호구역에 속했고, 등산객들이 높이 평가하는 약수 수원지 근처였다. 암소들이 자연 해동되어 부패하도록 그대로 내버려둘 수는 없었다. 그렇게 하면 땅과 물이 오염되고, 특히 곰이 출몰해서 산책하는 사람들이 위험해질 수 있었기 때문이다. 사체를 불태우거나 절단기로 토막 낼 수도 없었다. 자연보호구역 보존에 관한 법 조항이 불이나 전동기계 사용을 엄격하게 금지했기 때문이다. 남은 해결책은 영화 「총잡

"사체를 25킬로그램의 폭발물로 둘러싸는 것으로, 보통 하루가 지나면 아무것도 남지 않는다."

이 삼촌」에서 베르나르 블리에(라울 볼포니 역)가 리노 벤추라(페르낭 역)를 해치우겠다며 떠벌린 방법이었다. "그자에게 라울이 누군지 보여주지. 파리 곳곳에 퍼즐 조각처럼 잘게 나뉜 파편으로 흩뿌려진 그자를 발견하게 될 거요. 누가 너무 닦달하면 난 본때를 보여준다고. 다이너마이트를 터뜨리고 조각내서 흩뿌리고 바람에 날려버리지!"

이 방법은 매우 뛰어난 사체 처리법이다. 존중할 만한 미국 산림관리인이 남긴 「폭발물로 동물 사체를 제거하는 방법」이라는 제목의 흥미로운 설명서가 있다. 이 방법은 말, 고라니, 암소처럼 덩치가 큰 포유동물이 길을 잃고 자동차도 다닐 수 없는 길을 가로지르겠다는 잘못된 판단을 했을 때 유용하다. 『주니어 우드척 가이드북』[14]에 실려야 마땅한 이 설명서에는 '잘게 찢기'과 '해체'의 두 가지 해결법이 나온다. 잘게 찢는 방법에는 9.1킬로그램의 TNT 화약봉만 있으면 되므로 폭발물 비용이 적게 든다. 넓적다리에 화약봉 세 개, 옆구리에 세 개, 어깨에 세 개, 목과 머리 쪽에 세 개, 그리고 발마다 두 개씩 설치한다(폭발물 전문가의 자문을 얻으라는 충고도 적혀 있다). 사체를 잘게 조각내 자연으로 돌려보내는 이 방법은 급한 상황이 아닐 때 선택해야 한다. 왜냐면

14. 디즈니 애니메이션 「도널드 덕」에 나오는, 세상의 모든 주제에 관한 정보와 대책이 들어 있는 안내서.

썩은 고기를 먹는 온갖 짐승이 남은 파편을 깨끗이 청소할 때까지 기다려야 하기 때문이다. 또한, 설명서에는 사람이 다치는 일이 없도록 폭발 전에 짐승의 발굽을 제거해야 한다고 강조한다. 해체법은 더 과격하다. 사체를 25킬로그램의 폭발물로 둘러싸는 것으로, 보통 하루가 지나면 아무것도 남지 않는다.

마침내 2012년 5월 초에 콜로라도 주 산림관리인들은 TNT 화약을 덜 사용하고 힘이 더 드는 다른 해결책을 택해야 했다. 암소 사체를 톱으로 자르는 방법이었다. 그렇게 해서 얻은 조각들은 수원지에서 먼 곳에 흩뿌렸고, 등산객들에게는 식사 중인 곰을 방해하지 말라고 경고하는 현수막을 걸었다. 잘못하면 등산객 자신이 따끈따끈한 먹이가 되어버릴 테니 말이다.

# 45. 경찰관은 훌륭한 알코올탐지기일까?

프랑스에서는 2012년 7월 1일부터 육지에서 경 오토바이를 제외한 교통수단을 운전하는 모든 사람이 알코올탐지기를 소지해야 한다. 이 법이 시행되자 사람들이 알코올탐지기를 사려고 슈퍼마켓을 휩쓸었고 꽤 여러 곳이 오랫동안 재고가 바닥난 상태였다. 그런데 다른 방법이 하나 있다. 바로 경찰관을 차에 태우고 운전하는 것이다. 적어도 미국에서 경찰관은 혈액에 알코올을 너무 많이 주입한 채 운전한다고 의심되는 자가용 운전자, 노련한 대중교통 운전기사, 오토바이 운전자의 입김 냄새를 맡는 데 익숙하다. 보고서를 보면 경찰관은 운전자의 코만 보고도 혈중알코올농도가 얼마나 높은지 단계별로 짐작하는 능력이 있다.

그런데 예를 들어 프랑스에서 운전이 허용되는 최대 혈중알코올농도(혈액 1리터당 알코올 0.5그램)가 날숨 1리터당 0.25밀리그램이라는 적은 양에 해당한다는 사실을 알고도 위의 방식으로 추정한 결과를 믿을 수 있을까? 경찰관의 오차 범위는 얼마나 될까? 이러한 근본적 의문에 답하기 위해 미국 과학자들은 술을 잔뜩 곁들인 실험을 진행하여 1999년 학술지 『사고 분석과 예방(Accident Analysis and Prevention)』에 논문을 발표했다. 논문에 소개된 철저한 실험 절차를 자세히 살펴볼 가치가 있다. 일단 유해 물질을 식별하는 분야의 전문가 인증서를 받은 경찰관 20명이 있었다. 그리고 광고를 내서 모집되고 실험에 참여하는

"자원자들은 긴 플라스틱 관에 대고 숨을 내쉬었고 관 끝에 냄새 맡는 경찰관의 코가 기다리고 있었다."

대가로 돈을 받는 자원자 14명이 있었다.

자원자들에게는 공짜 술을 취하도록 마시고 실험 참가비까지 받는 좋은 기회였다.

실험 당일이 되자 자원자들은 알코올도 음식도 섭취하지 않은 공복 상태로 도착했다. 그들이 로스앤젤레스 경찰청 건물에서 술을 마신 뒤에 자가용을 몰고 귀가하는 일이 없도록 택시를 타고 오라는 지시를 받았다. 조심스레 엄선한 자원자들은 정기적으로 약을 복용하지도 않았고 아기를 돌볼 일도 없었다. 윤리 규정을 고려하여 실험자들은 자원자들에게 1시간 동안 4번에 걸쳐 얼마만큼의 알코올을 마실 것인지, 어떤 종류의 술(오렌지 향 보드카, 콜라 맛 버번위스키, 붉은 포도주, 맥주, ..., 그리고 대조군의 경우에는 물)을 마실 것인지를 설명했다. 실험자들은 그들의 혈중알코올농도를 혈액 1리터당 0~1.2그램 사이로 설정했다.

자원자들을 불투명한 커튼 뒤에 앉히고 아무 말도 하지 말라고 지시했다. 얼굴이 빨개지거나 균형 감각을 잃거나 실수를 하거나 머리카락과 옷차림이 술에 취해 난투를 벌인 모습이거나 말투가 어색한 것과 같이 술에 취했다는 어떤 외적 신호도 경찰관에게 보여주지 않는 것이 목적이었다. 그렇게 해서 오직 후각만으로 판단하게 했다. 자원자들은 긴 플라스틱 관에 대고 숨을 내쉬었고 관 끝에 냄새 맡는 경찰관의 코가 기다리고 있었다. 경찰관 20명(논문은 경찰관들이 무엇을 마셨는지는 정확히 밝히지 않았다)은 매회 6명의 날숨을 들이마시고, 알코올이 있는지 없는지, 어떤 특징이 있는지, 그리고 가능하다면 어떤 음료를 마셨는지를 감지해야 했다.

결과적으로 자원자들이 아무것도 먹지 않은 상태에서 성공 확률은 거의 80퍼센트에 이르렀다. 오류를 살펴보면 취하지 않은 사람을 취했다고 하는 경우보다 취한 사람을 감지하지 못한 경우가 더 많았다. 점심 식사 후에는 음식 냄새가 술 냄새와 섞여서 경찰관의 감지 능력이 저하되었다... 따라서 논문의 결론 부분에서 저자들은 적어도 이런 종류의 검문에서는 경찰관의 후각을 지나치게 신뢰하지 말라고 경찰에 신중히 조언했다.

Moskowitz et al. Police officers' detection of breath odors from alcohol ingestion. Accid Anal Prev. 1999;31(3):175-80.

# 46. 노인에게서 좋은 냄새가 난다

프랑스 가수 자크 브렐은 노래 「노인들」에서 "그 집에선 백리향 냄새, 깨끗한 냄새, 라벤더 냄새, 옛날 말씨 냄새가 난다."고 말했다. 이 시적인 노랫말은 노인의 집에서 맡게 되는 대단히 독특한 냄새, 노골적으로 말하자면 노인 냄새, 어떤 이들은 오히려 더 잔인하게 '요양원 냄새'로 분류하는 냄새의 정체를 숨기는 동시에 두드러지게 보여주었다. 나이에 따라 땀샘과 피지샘의 활동이 변화하기 때문에 체취가 변화한다는 사실은 비밀이 아니다. 예를 들어 포근한 냄새가 나고 피부가 부드럽던 아기가 욕실에서 리아나 노래를 불러대며 돼지가죽 같은 피부를 문질러 씻었는데도 악취가 풍기는 청소년으로 변신한 것을 독자 여러분은 기억할 것이다. 익사할 정도로 향수를 퍼부어 감추려고 애써도 체취는 우리에 관한 정보를 전달하기 때문에 결코 우리를 놓아주지 않는다. 우리는 다른 포유류가 체취를 이용하여 짝짓기 상대를 고르고, 친인척을 찾아내고..., 늙은 개체를 감지한다는 사실을 안다.

미국과 스웨덴의 과학자들은 2012년 5월 30일 학술지 『플로스원(PLOS ONE)』에 발표한 논문에서 사람이 누군가의 체취를 맡고서 나이를 알아맞힐 수 있는지를 알아보았다. 그들은 젊은이(20~30세), 중장년

(45~55세), 노인(75~95세)으로 명확히 구분한 연령대의 자원자 수십 명을 모집했다. 자원자들은 연속 5일 동안 밤마다 겨드랑이에 거즈를 꿰맨 티셔츠 한 장을 입고 자야 했다. 이 실험에는 엄격한 규정이 적용되었다. 잠자리에 들기 전에 샤워하는 일을 금지했고, 향이 없는 세제로 세탁한 수건으로만 몸을 닦을 수 있었으며, 침대 시트도 향이 없는 세제로 세탁했고, 술을 마시거나 담배를 피우면 안 되었고, 향신료를 넣은 요리나 체취를 변화시킨다고 알려진 음식을 먹을 수 없었다.

"자원자들은 연속 5일 동안 밤마다 겨드랑이에 거즈를 꿰맨 티셔츠 한 장을 입고 자야 했다."

연구자들은 5일이 지난 뒤에 거즈를 모아 섭씨 80도에서 보관했다. 그리고 거즈를 같은 크기의 정사각형 조각으로 잘라서 유리 단지에 넣었다. 이제 시향회를 열 시간이 되었다. 코를 킁킁거리는 피험자들이 유리병 안에 코를 깊숙히 넣었다가 빼고 나서 냄새의 강도와 산뜻한, 혹은 산뜻하지 않은 특징을 기록했다. 노인의 체취가 가장 덜 심하고 기분 좋게 느껴진 것으로 밝혀지자 실험자들조차 놀랐다. 피험자들은 냄새의 출처를 몰랐으므로 부정적인 고정관념이 없었던 것이다. 같은 코로 '노인' 표본을 다른 표본과 구분할 수는 있었지만, '젊은이'와 '중장년'을 구분하는 일은 어려웠다. 이 실험은 인간이 동족의 체취 변화를 감지한다는 사실을 보여준다. 어떤 목적으로 그렇게 된 것일까? 진화론의 관점으로 세상을 본다면, 과거에는 노인이 면역 체계가 훌륭하게 작동하는 존재라고 생각했고, 노인의 '좋은' 유전자를 자식에게 물려주기 위해 누구나 노인과 교미하기를 원했다고 생각해도 이상하지 않다. 실제로 곤충의 경우에 늙은 수컷이 생식 경쟁에서 우위를 차지한다.

그러나 논문 저자들은 체취 신호의 잠재적 영향력은 "현대 사회에서 나이와 관련된 시각적 특성이 중시되는 만큼 제한될 위험이 있다."고 지적했다... 노인들의 냄새가 다른 연령층의 냄새보다는 좋지만, 이성을 유혹하는 데에는 주름제거수술과 보톡스 시술과 염색만큼 효과 만점인 것이 없다.

Mitro et al. The smell of age: perception and discrimination of body odors of different ages. PLOS ONE. 2012;7(5):e38110.

# 47. 동성애자 시간증(屍姦症) 오리의 기이한 사례

과학 문헌에는 믿기지 않는 사례들이 드물지 않다. 예를 들어 어떤 도둑은 체포되는 순간 나중에 뱉을 생각으로 다이아몬드를 삼켰다가 공권력이 지켜보는 가운데 외과 수술을 받아야 했다. 그 와중에 집행대원 한 명이 실수로 자기도 모르게 도둑의 입천장에 수 센티미터 길이의 못을 박았다는 이야기가 전해진다. 사람들은 그런 기이한 사건에 연루된 당사자들의 행위에 놀라지만, 또 한편으로 그런 이야기를 굳이 꺼내 화제로 삼는 사람의 의도에 의문을 품기도 한다.

네덜란드 로테르담 자연사박물관의 조류 보존 전문가 케스 묄리커(Kees Moeliker)가 그런 경우였다. 그는 기이한 사례를 연구한 덕분에 괴짜 과학자들의 신전에 입성했다. 모든 것이 박물관 신축 구역을 설계한 건축가들의 잘못이었다. 그들은 통유리 벽면이 새들이 정기적으로 부딪쳐 뼈가 부러지는 치명적 함정이 될 것이라고는 미처 생각하지 못했다.

1995년 6월 5일 저녁 5시 55분에 케스 묄리커는 박물관 조류 부문 소장품으로 추가되려고 온 새로운 방문객을 뜻하는 '쿵' 소리를 들었다.

그는 건물 아래쪽으로 내려갔고 분명히 수컷인 들오리 한 마리가 땅에 쓰러져 있는 것을 보았다. 그 옆에 다른 수컷이 쓰러진 수컷의 머리 뒷부분을 쪼더니, 그 수컷에 올라타서 짝짓기 행위를 75분 동안 계속했다. 케스 묄리커는 이 장면을 사진으로 찍고 나서, 과학은 중립을 지켜 개입하지 않는다는 원칙을 어기고 도중에 그 행위를 멈추게 했다… 그리고 사체를 들고 가서 안전한 곳에 보관했다.

"보통은 접근하는 데 그치긴 하지만, 들오리의 동성애 행위는 드물지 않다. 집단에 따라 교미하는 짝의 2퍼센트에서 19퍼센트를 차지한다."

잠시 후 박물관에서 퇴근하던 묄리커는 시간증(屍姦症) 오리가 줄곧 같은 자리에서 만족스러웠던 상대를 기다리며 상대가 들을 수 없는 울음을 내지르고 있는 모습을 확인했다. 상대 오리는 죽은 데다가 냉동고에 들어갔으므로 그 울음소리를 들을 수 없었다. 부검 결과 죽은 오리는 실제로 수컷이었고 강렬한 충격을 받아 죽었다. 뇌출혈이 여러 군데 있었고, 오른쪽 폐, 기도, 간에 상처가 났고, 두 어깨뼈와 갈비뼈가 거의 다 부러졌다. 갈비뼈의 경우는 유리 벽에 충돌해서 부러졌는지 사후에 저돌적인 동족에게 당한 일 때문에 부러졌는지 알 수 없었다.

교미가 활발하게 이루어지는 봄이 끝날 무렵에 오리들이 서로 쫓아다니는 모습을 자주 볼 수 있다. 수컷들은 아직 새끼를 배지 않은 몇 안 되는 암컷을 유혹하여 강간한다. 그리고 보통은 접근하는 데 그치긴 하지만, 들오리의 동성애 행위는 드물지 않다. 집단에 따라 교미하는 짝의 2퍼센트에서 19퍼센트를 차지한다. 케스 묄리커는 이 두 현상을 연결지어, 위의 들오리는 상대가 아무 반응도 보일 수 없었기 때문에 동성애 행위를 끝까지 밀고 나갔으리라고 추측했다.

이 네덜란드 학자가 최초의 동성애자 시간증 들오리 사례를 논문으로 발표할 확신이 들기까지 6년의 세월이 필요했다. 과학 연구에는 종종 시간이 필요하지만, 과학의 진보를 멈출 수는 없다. 묄리커는 2001년에 발표한 논문으로 최고의 엉뚱한 과학 실험에 수여하는 이그노벨상을 탔다. 케스 묄리커는 이 상을 타야 마땅하다. 그는 새 말고도 박쥐, 쌍안경, 그리고 각종 동물의 신체기관을 수집한다. 그의 신체기관 수집 목록은 아직 방대하지 않다. '쓸개'라는 딱 한 가지 기관만 모으고 있기 때문이다.

Moeliker. The first case of homosexual necrophilia in the mallard *Anas platyrhynchos* (Aves: Anatidae). DEINSEA. 2001;8:243-247.

# 48. 파타고니아 사람들은 왈츠를 출 때 어느 방향으로 돌까?

왼쪽인가 오른쪽인가? 이것은 정치적 성향에 관한 질문이 아니라 신체 편측성의 문제다. 사람 중에는 오른손잡이도 있고 왼손잡이도 있다. 오른손잡이 무하마드 알리와 왼손잡이 로키 발보아를 보라. 미셸 플라티니는 오른발로 프리킥을 했고 디에고 마라도나는 왼발로 공을 찼다. 같은 스포츠 분야에서 양궁을 처음 배우는 사람들이 거치는 첫 번째 시험은 과녁에 조준할 때 어느 쪽 눈을 사용할지를 결정하는 것이다. 그리고 더 미묘한 경우도 있다. 키스할 때 머리를 어느 쪽으로 기울이는지, 아니면 애인도 없고 설거지할 열의도 없는 완고한 독신자라면 수도꼭지에 입을 대고 물을 마실 때 머리를 어느 쪽으로 기울이는지, 또는 제자리에서 한 바퀴 돌 때 어느 방향으로 도는지와 같은 문제들이다.

위 문단의 마지막에 언급한, 우리가 아직 잘 모르는 편측성의 문제를 2012년 6월 학술지 『편측성(Laterality)』에 실린 연구에서 다루었다. 케임브리지 대학의 얀 스토클(Jan Stochl)과 팀 크루다스(Tim Croudace)는 사람이 제자리에서 한 바퀴 돌 때 왜 특정 방향으로 도는

> "온라인 자원자는 제자리에서 한 바퀴 돌 때 어느 방향으로 도는지를 간단하게 실험했다."

지, 그 이유에 대한 설명을 전혀 발견할 수 없었으므로 이 문제를 다른 편측성 사례와 어떻게 관련지을 것인지를 궁리하기 시작했다. 그들은 편측성이 주로 쓰는 쪽의 손이나 발과 상관관계가 있다는 당연해 보이는 가설을 세웠다. 그리고 성별에 따라 그런 상관관계에 차이가 난다는 덜 당연해 보이는 가설도 세웠다. 기존 연구 가운데 오른손과 오른발과 오른쪽 눈을 주로 쓰는 남성은 제자리에서 한 바퀴 돌 때 오른쪽으로 도는 경향이 있고, 똑같이 오른쪽을 주로 쓰는 여성은 왼쪽으로 도는 경향이 있다는 연구 결과가 있었으므로, 성별 차이가 있는지도 알아보기로 했다. 이로써 부부가 함께 지도를 들여다보다가 맹렬히 싸우는 현상을 마침내 설명할 수 있을지도 모르는 일이었다...

논문 저자들이 시험한 가설들 가운데 마지막 가설은 훨씬 더 엉뚱했다. 이것은 지구에 거주하는 인류가 코리올리 힘에 영향을 받았을 가능성을 시험하는 것이었다. 코리올리 힘은 태풍이 북반구에서는 시계 반대 방향으로, 남반구에서는 시계 방향으로 소용돌이치게 하는 힘이다. 이 힘은 새나 동굴에서 나온 박쥐가 날아가는 방향과 관련된다고도 하고, 북반구 돌고래가 회전하는 방향이 왜 남반구 돌고래가 회전하는 방향과 반대인지를 설명하는 데에도 활용된다.

과연 북반구의 빈 사람들이 왈츠를 출 때 남반구의 파타고니아 사람들과 같은 방향으로 도는지 반대 방향으로 도는지, 그 진상을 확실히 파악하기 위해 논문 저자들은 인터넷에 설문지를 올렸고, 북반구와 남반구에서 모두 97개국 1,526명의 자원자가 응답했다. 온라인 자원자는 어느 쪽 손으로 공을 던지느냐, 커피를 어느 방향으로 휘젓느냐, 바지를 입을 때 어느 쪽 발을 먼저 넣느냐는 등의 고전적인 질문에 답하는 한편, 제자리에서 한 바퀴 돌 때 어느 방향으로 도는지를 간단히 실험하여 그 결과를 기록했고, 그가 어디서 자랐는지, 그리고 다섯 살 이후로 어디서 살았는지를 적었다.

연구 결과, 어떤 사람이 제자리에서 한 바퀴 돌거나 팽이를 돌릴 때 어느 방향으로 돌거나 돌리는지를 예측하는 가장 확실한 방법은 그 사람이 오른손잡이인지 왼손잡이인지 알아보는 것이었다. 주로 쓰는 손발의 방향과 가장 깔끔한 상관관계를 보였기 때문이다. 코리올리 힘은 전혀 관련지을 수 없었다. 저자들은 코리올리 힘이 "동물에게 영향을 미치기에는 세기가 너무 약하다."고 그 이유를 설명했다. 훌륭한 과학자는 언제나 마지막까지 모든 것을 완벽하게 설명해준다.

Stochl J, Croudace T. Predictors of human rotation. Laterality. 2013;18(3):265-81.

## 49. 국회의원을 제비뽑기로 선출한다면?

선거일이 되면 우리는 투표장을 찾아가서 투표함에 투표용지를 넣는다. 그런데 책임 있는 유권자의 이런 정치적 선택이 과연 우리 사회를 더 나은 곳이 되게 할까? 2011년 다섯 명의 이탈리아 학자는(물리학자 두 명, 정치학자 한 명, 통계학자 두 명) 출판 전 논문 수집 웹사이트「아카이브(arXiv.org)」에서 바로 이 우상 파괴적 문제를 제기했다. 이 논문은 민주주의를 폐기하자고 주장하려는 것이 아니라, '국민을 위한 국민에 의한 국민의' 정부가 필연적으로 투표소에서 태어나지는 않는다는 사실을 환기하려는 의도로 집필되었다. 저자들은 재판에 참여할 배심원을 임의로 선발할 때처럼 나라를 지휘하거나 법을 제정할 책임자를 제비뽑기로 뽑아도 아무런 문제가 없다고 주장한다.

사실 아테네 민주주의도 민회 의원과 집정관을 제비뽑기로 선출했던 관례에서 유래했다. 베네치아 총독을 선출했던 복잡한 방법에도 일부 우연적 요소가 들어 있었다. 이 논문 저자들의 약간 이상주의적인 제비뽑기 방식은 정당 체제를 견제하고, 정치 성향이나 사회적·민족적 출신배경, 그리고 무엇보다도 성별과 관계없이 시민들을 공평하게 의회로 보낼 것이다. 피부색은 골고루 섞였지만, 사실상 남성 과두정으로 공공의 이익보다는 자신의 재선출에만 눈독 들이는 국회의원들과는 이제 영원히 굿바이다. 언론이 열띠게 흥분하고 상반된 여론 조사 결과가 난무하는 선거전도 이제는 영원히 굿바이다...

"국회의원 전원을 제비뽑기로 뽑는 것이 투표로 뽑는 것보다 나을까, 아니면 두 가지 방법을 혼합해야 할까?"

그러나 '우연'이 맡은 바 임무를 다하는지를 확인해야 한다. 국회의원 전원을 제비뽑기로 뽑는 것이 투표로 뽑는 것보다 나을까, 아니면 두 가지 방법을 혼합해야 할까? 바로 이 지점에서 괴짜 과학자들은 통계물리학의 최신 기법을 토대로 훌륭한 의회 모형을 내놓았다. 100퍼센트 임의로 선출한 의회는 큰 반향을 일으켰지만, 실패작이었다. 채택된 법안은 분명히 더 많은 사람에게 이익이 되는 내용을 담고 있었지만, 가상의 국회의원 500명이 지나치게 서로 독립적이어서 대부분 법안이 과반수의 표를 얻지 못하여 투표가 성립되지 않았다. 그러니 이 방법은 효율이 0에 가깝다는 사실이 밝혀졌다.

정당 제도에도 장점은 있지만, 한 정당이 차지한 의석이 전체의 과반수를 넘지 못하도록 조치하는 일이 필요하다. 그러지 않으면 법안이 온 국민의 문제를 해결하는 것을 목표로 삼지 않고 대중의 인기에 영합하거나 기업의 이익을 충족하는 데 그칠 수 있기 때문이다. 여기서 전략은 정치적으로 이타주의 성향이 더 짙다고 추정되는 '제비뽑기 국회의원'들에게 일정 수의 의석을 할애하여, 국회의원을 직업으로 삼고 있는 정치가들이 온 국민의 이익을 대변하는 데 입법 활동의 초점을 맞추

대통령 선거
가위…
바위…
보!
진행자

도록 영향력을 발휘하게 하는 데 있다.

'로또 정치'의 장점을 부각한 이 연구는 사실 재탕이다. 논문 저자들은 2010년에 기업이나 행정 기관에서 직원들이 승진할수록 무능해진다는 '피터 원리(Peter Principle)' 때문에 책임이 무거운 자리가 공석일 때 제비뽑기로 임용하는 편이 더 효율적이라는 사실을 증명해 보였다. 그러니 독자들이여, 새로운 로또를 고안해보자. 추첨권을 긁어서 뽑는 사장이라든지, 제비뽑기로 뽑는 국회의원이라든지...

A. Pluchino et al. Accidental Politicians: How Randomly Selected Legislators Can Improve Parliament Efficiency. Physica A. 2011;390:3944-3954.

# 50. 투표하러 가는 길에 죽은 사람들

지난 몇 해 동안 혼수상태에 빠져 있었거나 무인도나 화성 탐험 모의실험장치 안에서 생활하지 않았다면, 2012년에 러시아, 프랑스, 미국 등 여러 나라에서 대통령 선거가 있었다는 사실을 몰랐던 사람은 없을 것이다. 투표 행위는 분명 민주주의에 유익한 행동이다. 그러나 괴짜 과학자는 국민이 부지런히 투표소로 갈 채비를 하는 와중에 유권자의 목숨이 위험하다고 경고할 의무가 있다. 이것은 투표용지마다 '투표는 죽음을 유발합니다'라는 경고문을 적는 차원의 문제는 아니다. 2008년 『미국의학협회 저널(Journal of the American Medical Association)』에 실린 어느 연구는 '죽음의 신'이 매번 대통령 선거 덕분에 아직 죽을 때가 아닌 사람들의 목숨을 추가로 거두어간다고 밝혔다.

이 논문의 저자인 토론토 대학의 도널드 레델마이어(Donald Redelmeier)와 스탠퍼드 대학의 로버트 티브시라니(Robert Tibshirani)는 논문에 다음과 같이 썼다. "미국 대통령 선거 결과는 그것이 보건의료의 정치와 경제에 주는 영향과 다양한 정치적 결정을 통해 공중보건에 지대한 영향을 미친다. 투표하는 과정 자체가 공중보건에 직접 영향을 미치는지 조사한 연구는 아직 없는 듯하다. 논문 저자들은 미국 대통령 선거일에 인구의 50~55퍼센트가 이동하고, 미국인은 이동시 대부분 자동차에 의존하므로 선거일에 치명적인 교통사고가 증가할 수 있다는 가설을 세웠다."

" '죽음의 신' 이 매번 대통령 선거 덕분에 아직 죽을 때가 아닌 사람들의 목숨을 추가로 거두어간다."

두 저자는 민주당 지미 카터가 당선된 1976년 선거부터 공화당 조지 부시가 재선된 2004년 선거까지 8회의 투표일에 걸쳐 교통사고 사망자를 파악하는 데 필요한 모든 자료를 수집했다. 선거일은 항상 화요일이었으므로, 각 선거일의 사망자 수를 선거 이전과 이후 몇 번의 화요일 사망자 수와 비교했다. 조사 대상은 사망 시각이 투표소가 문을 연 아침 8시부터 저녁 7시 59분까지인 교통사고 사망자로 국한했다. 그러자 돌이킬 수 없는 결과가 나왔다. 미국에서 선거일에 교통사고로 사망한 사람은 평균 158명이며 시간당 13명이었고, 선거일이 아닌 화요일에는 사망자가 평균 134명, 시간당 11명이었다. 전형적인 사망자는 '미국 남부에 거주하는 젊은 남성'이었다.

수십 년 동안이나 지속적으로 나타난 선거일 사망자 증가 현상을 설명하기 위해 저자들은 여러 가지 요인을 거론했다. 평소보다 교통량이 증가하고, 투표소로 가는 길이 낯설거나, 선거로 인해 거리에 경찰이 많아져서 스트레스를 받거나, 초보 운전자가 실수하거나, 아니면 단순히 이 중요한 날에 운전자가 부주의할 수 있다. 여기에는 두 가지

시나리오가 있다. 첫 번째는 "자, 사르코지와 푸투, 누가 더 낫지?" 쾅! 두 번째는 "여보, 나한테 이럴 순 없어! 당신이 그 후보를 뽑는다면 맹세하겠는데 난..." 쾅!

이 연구를 알게 된 이후로 나는 도저히 투표 불참자들을 비난할 수 없다.

Redelmeier DA, Tibshirani RJ. Driving fatalities on US presidential election days. JAMA. 2008;300(13):1518-20.

# 51. 파이 씨는 훌륭한 수학 선생님일까?

1937년 미국 심리학자 고든 올포트(Gordon Allport)는 성(姓)이 신체적 특징이나, 심리적 특징, 지리적·민족적 특징에 대한 의미를 내포하므로[15] 각자의 개성과 체질에 영향을 미치는 중요한 요소가 된다고 주장했다. 비록 각각의 성을 창시한 사람은 너무도 까마득한 조상이지만, 사람들은 상대를 파악할 때 그의 성이 내포한 의미를 꽤 의식적으로 받아들인다. 외국에서 유래한 성을 대할 때 부정적인 고정관념이 활성화한다는 증거도 여러 연구를 통해 밝혀졌다. 이와 반대로 흔한 성일수록 무조건 긍정적인 인상을 준다는 연구도 나왔다.

남브르타뉴 대학의 행동과학자 니콜라 게갱(Nicolas Guéguen)은 겉보기에는 이상하지만 종종 인간 심리에 관해 많은 것을 알려주는 사소한 사실들을 해석하는 전문가다. 그는 동료인 보르도 스갈랑 대학의 알렉상드르 파스퀴알(Alexandre Pascual)과 함께 여성 히치 하이커

15. 예를 들어 프랑스의 여러 성(姓) 가운데 '르그랑(Le Grand)'이라는 성에는 몸집이 '크다(grand)'는 신체적 의미가 포함되어 있다. 마찬가지로 '르봉(Le Bon)'이라는 성에는 '선량하다(bon)'는 심리적 의미가, '콩디약(Condillac)'이라는 성에는 '콩디약(Condillac)'이라는 프랑스의 지명이 들어 있으며, '아르장틴(Argentine)'이라는 성에는 '아르헨티나(Argentina)'라는 나라를 뜻하는 출신지의 의미가 내포되어 있다.

* '뚱뚱한 말썽장이 낙제생'이라는 뜻

의 가슴둘레, 티셔츠 색상과 히치하이크 성공률 사이의 상관관계를 연구하고 나서, 그리고 꽃집에서 배경음악으로 사랑 노래가 나오면 손님이 돈을 더 많이 쓴다는 사실을 입증하고 나서, '자신의 성과 관련 있는 직업을 택한 것은 유리한가?'라는 의문을 품었다.

"누군가에게 자식 교육을
맡기려는 부모는 성의 의미가
이런 목적과 연관 있는
'르메트르' 씨에게,
그 다음으로 '르봉' 씨에게
가장 많이 연락했다."

고객들이 불랑제(원래 '빵집 주인'이라는 뜻) 씨네 빵집의 빵이 가장 맛있다고 생각하는지, 또는 마르샹(원래 '상인'이라는 뜻) 부인이 훌륭한 상점 주인인지 가늠하는 일은 다소 어려우므로, 두 과학자는 간단하고 재미난 실험 하나를 생각해냈다. 그들은 선생님의 가짜 성씨를 적은 수학 개인교습 전단을 돌렸다. 사용한 성으로는 르메트르(원래 '선생'이라는 뜻), 르봉, 르그랑(신체적 특성이 영향을 미치는지 보기 위해), 마르텡(가장 흔한 성이 유별난 공감을 일으키는지 알아보기 위해), 르레(특별한 의미가 없는 고유명사), 르갈(특별한 의미도 없고, 덜 흔하지만 처음 세 성과 문법 구조가 같은 성)이 있었다. 2011년 학술지 『국제 사회심리학 리뷰(Revue internationale de psychologie sociale)』에 실린 실험 결과를 보면 알 수 있듯이, 누군가에게 자식의 교육을 맡기려는 부모는 성의 의미가 이런 목적과 연관 있는 '르메트르' 씨에게, 그다음으로 '르봉' 씨에게 가장 많이 연락했다.

같은 해에 학술지 『성명(Names)』에 실린 두 번째 실험에서 게갱 씨와 파스쿼알 씨는 한 걸음 더 나아갔다. 전단에 들어간 이름은 파이, 리, 르갈이었다. 누가 1위를 차지했을까? 말할 것도 없이 원주율 파이($\pi$)와 발음이 같은 파이 씨에게 걸려온 전화가 과반수를 차지했다. 비록 가상의 인물이지만 파이 씨라면 정확한 결과를 원할 테니, 정확히 말하자면 45.4퍼센트였다. 두 학자는 "'파이'라는 성씨가 아마도 수학자, 그것도 틀림없이 훌륭한 수학자가 되리라는 일종의 운명처럼 해석되었을 것"이라고 추측했다.

2012년 대통령 선거는 우리에게 추가 실험의 기회를 제공할 수도 있었다. 그러나 불행히도 이제 우리는 졸리('예쁘다'는 뜻) 씨가 당선되었다면 우리의 인생이 아름다워졌을지, 푸투('키스'라는 뜻) 씨가 당선되었다면 모든 프랑스인이 날마다 뽀뽀를 두 번씩 받게 되었을지 알 수 없게 되었다. 이제 남을 놀리는 일은 그만두겠다. 성으로 말하자면, 나는 학살당할 위험이 매우 크다.[16]

1) Guéguen N. "Mr Lemaître is a good teacher: An experimental study of personological inference activated by names", Revue internationale de psychologie sociale. 2011;24:107-116.
2) Guéguen N, Pascual A. Mr "Py" is Probably a Good Mathematician: An Experimental Study of the Subjective Attractiveness of Family Names. Names. 2011;59(1):52-56.

16. 저자의 성 바르텔레미(Barthélémy)는 산 채로 살갗이 벗겨지고 십자가에 못 박혀 순교한 성인 바르톨로마이오스의 이름에서 유래했다.

괴짜 과학자들의 엉뚱한 실험들

1판 1쇄 발행일 2015년 7월 20일
1판 2쇄 발행일 2016년 6월 20일
지은이 | 피에르 바르텔레미
그린이 | 마리옹 몽테뉴
옮긴이 | 권예리
펴낸이 | 임왕준
편집인 | 김문영
펴낸곳 | 이숲
등록 | 2008년 3월 28일 제301-2008-086호
주소 | 서울시 중구 장충단로8가길 2-1(장충동 1가 38-70)
전화 | 2235-5580
팩스 | 6442-5581
홈페이지 | http://www.esoope.com
페이스북 | http://www.facebook.com/EsoopPublishing
Email | esoope@naver.com
ISBN | 978-89-85967-68-4 03400

▶ 이 책은 환경보호를 위해 재생종이를 사용하여 제작하였으며 한국출판문화산업진흥원이 인증하는 녹색출판 마크를 사용하였습니다.
▶ 이 도서의 국립중앙도서관 출판시도서목록(CIP)은 e-CIP홈페이지(http://www.nl.go.kr/ecip)와 국가자료공동목록시스템(http://www.nl.go.kr/kolisnet)에서 이용하실 수 있습니다.(CIP제어번호 : CIP2015017139)